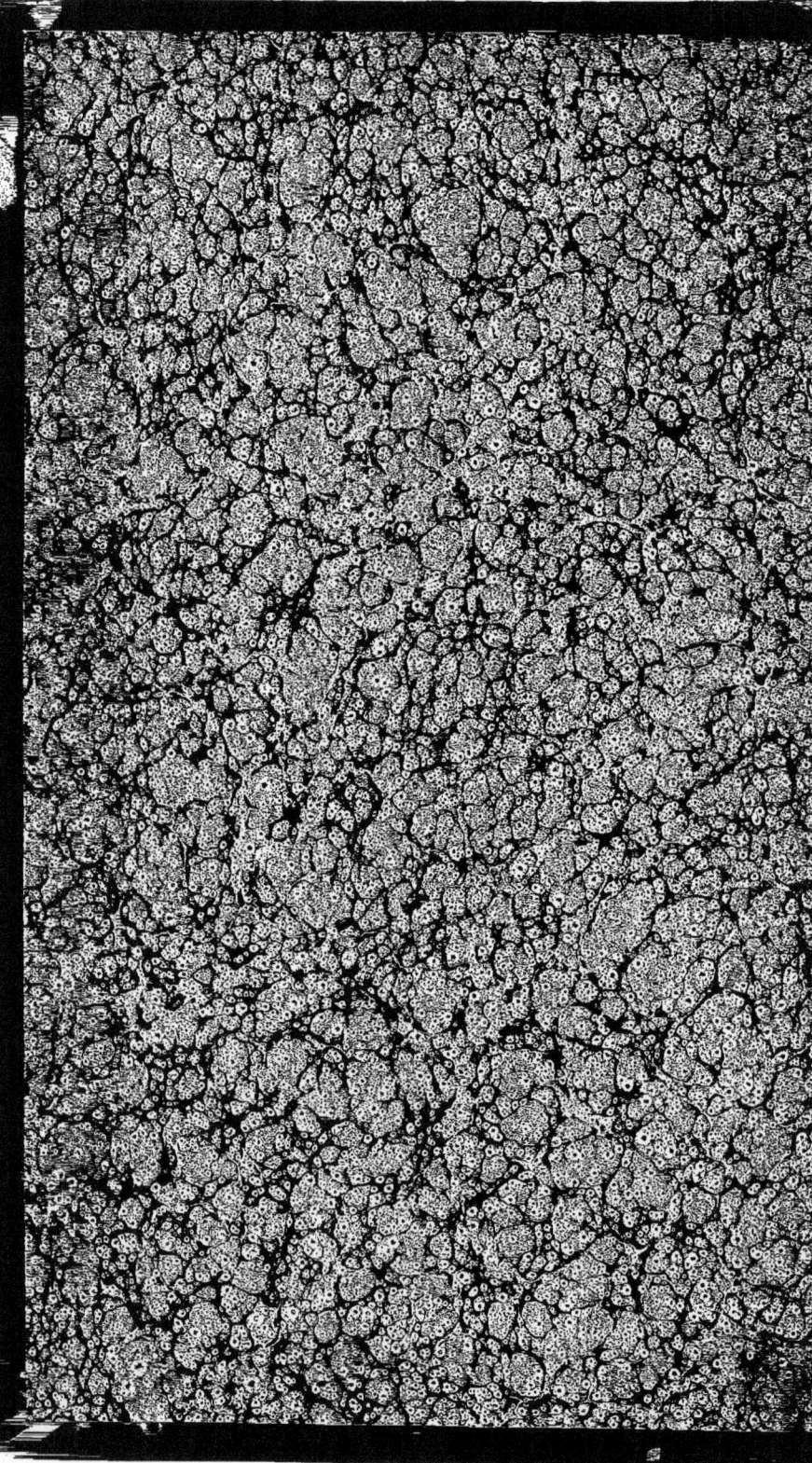

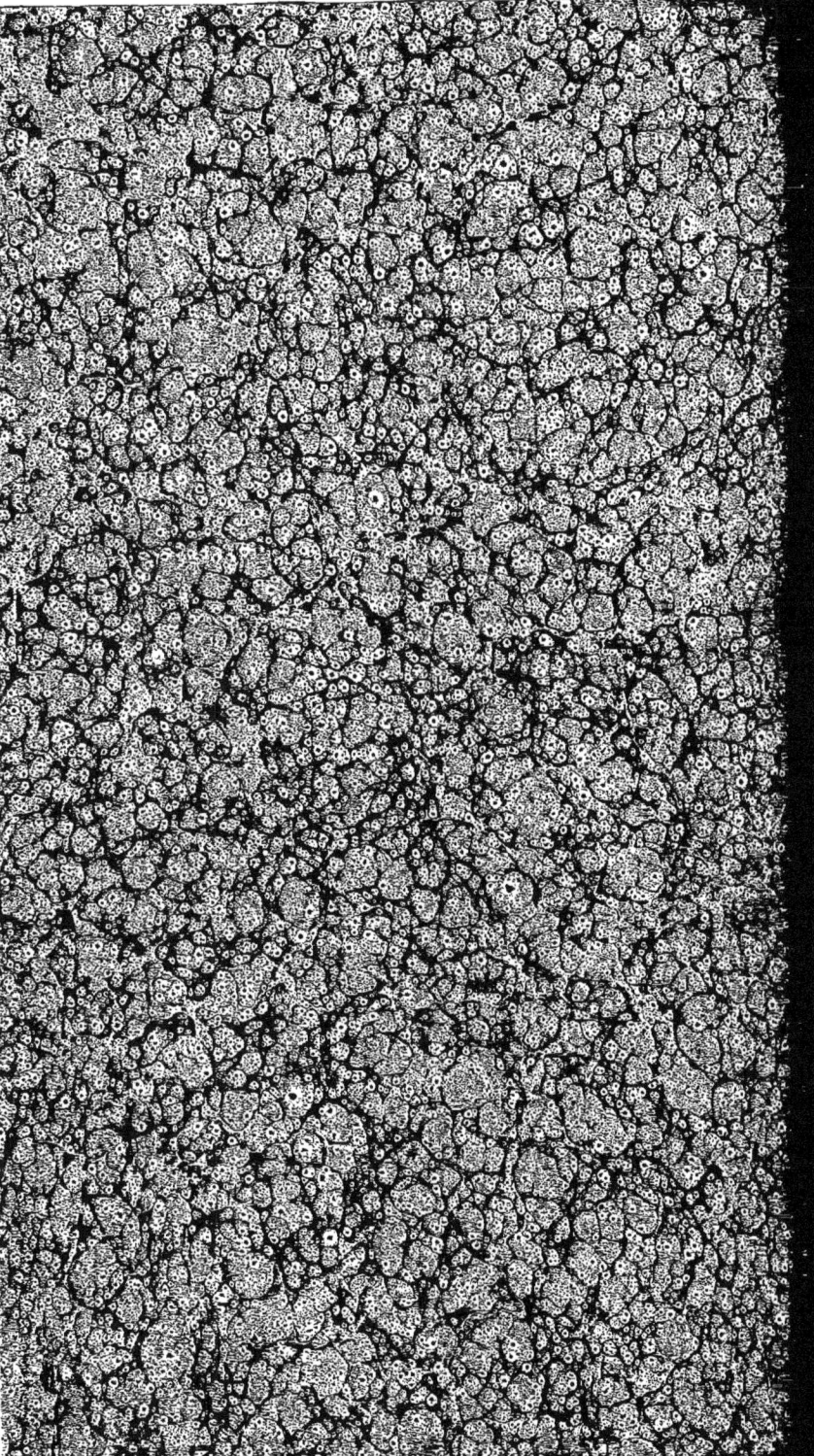

V

GÉOMÉTRIE

THÉORIQUE ET PRATIQUE.

ARPENTAGE.

Toutes les formalités exigées par la loi ayant été remplies, je poursuivrai comme contrefait tout exemplaire qui ne sera pas revêtu de ma signature.

IMPRIMERIE DE FELIX LOCQUIN,
Rue Notre-Dame-des-Victoires, 16.

GÉOMÉTRIE
THÉORIQUE ET PRATIQUE

MISE A LA PORTÉE DES OUVRIERS ET DES ÉLÈVES QUI VEULENT S'INSTRUIRE
EUX-MÊMES ET SANS MAITRE,

PAR SÉBASTIEN LECLERC,

OU

LE PARFAIT MANUEL DE L'ARPENTEUR,

CONTENANT

Les conversions des mesures anciennes et nouvelles, la manière de jauger, de cuber les bois carrés et grumes; un moyen pour embellir l'écriture et pour noircir l'encre; toutes les définitions, la théorie et les raisonnemens de la géométrie; toutes les figures avec la manière de les copier, de les diviser, de les inscrire, de les circonscrire, de les transformer, de les réduire, de les agrandir, de les assembler et de les retrancher; le toisé des surfaces et des volumes; la trigonométrie par le calcul, l'usage et l'application des sinus, tangentes, et sécantes-logarithmes; le lever et le tracé des plans, et la manière de mesurer toutes espèces de dimensions inaccessibles, avec l'explication et l'usage de tous les instrumens nécessaires à l'Arpenteur; en un mot une foule de connaissances répandues dans tous les Traités qui ont paru jusqu'à ce jour.

REVU, CORRIGÉ ET AUGMENTÉ

PAR M. MIGNOT,

Bachelier ès-lettres et ès-sciences, Maître de pension dans l'Académie de Paris.

AVEC 410 FIGURES.

PRIX : 4 FR.

MONTLHERY

CHEZ L'AUTEUR, GRANDE RUE, N° 40.

———

1835

Les personnes qui ne voudraient s'exercer qu'à la pratique sur le terrain, soit pour arpentage, la division des champs, ou le toisé des solides, peuvent se contenter de lire attentivement les deux premiers chapitres pour ne s'attacher qu'à celui qui les regarde particulièrement; mais il est de première importance que l'élève qui commence connaisse parfaitement les définitions et les simples argumens qui doivent servir de base à tout l'ouvrage.

PRÉFACE IMPORTANTE

ET QU'IL FAUT LIRE.

Ayant été à portée de me convaincre par moi-même, depuis quatorze ans que je suis dans l'éducation, presque toujours occupé de mathématiques, qu'il nous manquait un vrai traité d'arpentage qui s'étendît à tout ce qui regarde cet art, c'est-à-dire, un traité qui comprît toutes les divisions, partages de terrain et transformations de figures qui sont si nécessaires à l'arpenteur, et qui ne se trouvent dans aucun traité, si ce n'est dans celui de Lefèvre, encore qu'en partie, et tout hérissés des difficultés des mathématiques spéciales; qu'il nous manquait un traité élémentaire, qui, fermant l'immense espace de l'arithmétique à la géométrie, aplanît aux élèves les grandes difficultés qu'ils doivent surmonter, en les y accoutumant, pour ainsi dire, par des opérations préalables et intermédiaires qui les initient graduellement aux secrets de cette science; c'est à quoi nous nous sommes appliqués. On trouvera d'abord, sous le nom d'introduction, les nouvelles mesures linéaires, leur réduction en anciennes par une simple multiplication ou division; les lois et réglemens concernant l'arpentage, avec une formule de compromis et de procès-verbaux; des principes de lavis des plans, de toisé, de cubage des bois carrés et en grume, de jaugeage et de tracé de méridienne;

ensuite, dans le cours, toutes les définitions des termes de la géométrie; des principes généraux de théorie; le précis des élémens d'Euclide, le toisé des superficies et des volumes, la doctrine des triangles par le calcul; la manière de lever les plans; de dresser les cartes, de faire les principales opérations de géométrie sur le terrain, avec la description et l'usage des instrumens qu'on y emploie le plus ordinairement; enfin, une infinité de connaissances répandues dans les traités qui ont paru jusqu'à ce jour, et dont le prix et le volume surpassent de beaucoup le nôtre.

INTRODUCTION.

De l'arpentage en général.

L'ARPENTAGE qui tire son nom d'arpent, a pour objet de mesurer, de déterminer la contenance ou l'étendue des propriétés, d'en tracer la figure ou le plan sur le papier, de diviser toutes espèces d'étendues en autant de parties égales ou inégales que l'on voudra, et de niveler un terrain, c'est-à-dire d'indiquer combien il faut fouiller ou augmenter un terrain pour avoir tel ou tel niveau demandé. Pour faire ses différentes opérations, il faut plusieurs instrumens que nous allons indiquer. Un arpenteur doit être muni de jalons, d'une chaîne, de fiches, d'une équerre, d'un graphomètre, d'un rapporteur, d'un niveau d'eau, d'une planchette, d'une alidade, d'une échelle, d'une boussole, d'une boîte de mathématiques.

Si toutes les mesures pour la France étaient semblables, l'arpentage ne serait qu'un jeu; mais comme il y a presque autant de sortes de mesures qu'il y a de lieues, (Voir les *Élémens du nouveau système métrique*, par Gaitey, chez Rondonneau), l'arpenteur doit parfaitement connaître la mesure usitée dans l'endroit où il est appelé à opérer, s'appliquer à la réduire en nouvelles; car c'est ainsi que je conseille toujours d'agir pour éviter toute espèce de difficulté, et pour agir avec plus de sûreté avec sa chaîne métrique.

L'unité de sa mesure étant le mètre, s'il veut réduire un nombre quelconque de mètres carrés en hectares, en ares et en centiares, il suffit de partager ce nombre en trois tranches; les deux premiers chiffres à droite expriment les unités de mètres carrés, ou centiares; les deux chiffres qui viennent après en avançant vers la gauche expriment les ares; enfin, le dernier ou les derniers chiffres de la dernière tranche à gauche expriment les hectares. Ainsi le nombre 524089 mètres carrés, peut s'énoncer : 52 hectares, 40 ares, 89 centiares. Un hectare valant 10 mille mètres carrés : 40 ares font 4 milles mètres carrés, un are valant 100 mètres carrés. Puis, s'il veut réduire ces hectares, ares, centiares, en une mesure ancienne quelconque, s'il connaît sa valeur en ares et centiares ; il n'a qu'à diviser son nombre par la valeur de cette mesure, (celle du pays où il se trouve) et autant de fois qu'elle y sera contenue, autant il aura d'unités de cette mesure. Prenons pour exemple 524089 mètres carrés, ou 52 hectares, 40 ares, 89 centiares, déjà cités, que l'on veut réduire en ancienne mesure de Paris qui valait, un arpent, 34 ares, 19 cencentiares, ou la perche, 34 centiares, 19 milliares; (l'ancien arpent de Paris se composait de 100 perches, de 18 pieds de côté) je divise 524089 par 34-19, et autant de fois qu'il est contenu dans 524089 mètres carrés ; j'ai autant d'arpens, ancienne mesure, ou perches, si ce sont des perches. Et je trouve après la division 153 arpens, 29 perches, d'ancienne mesure; mais comme je sais que dans 34-19, le 9 n'a été mis que parce qu'il y avait une longue suite de décimales, et qu'effectivement il ne doit avoir que 34-18, plus quelque chose, si je veux avoir une conversion plus sévère sans prendre pourtant la longue suite de décimales qui suivent, voici ce que je fais : Je sais que l'are vaut 2 perches, 92 centièmes de perches, et quelque chose de plus; je multiplie 524089 centiares par 2 perches, 92 centièmes, et je trouve 152 arpens, 03 centièmes d'arpent ou trois perches ; et je dis, puisque 34-19 est trop fort, et que 292 est trop faible, je prends le terme moyen, et j'ai 16 perches, c'est-à-dire, 153 arpens, 16 perches. Mais je vais donner quelques tables pour les réductions les plus importantes.

Réduction des arpens en hectares, et perches en ares.

Arpens de 100 perches, et la perche de 18 pieds.				Arpens de 100 perches, et la perche de 22 pieds.			
Arpens.	hectares	Ares.	Centiares.	Arpens.	Hectares.	Ares.	Centiares.
1	0	34	19	1	0	51	07
2	0	68	38	2	1	02	14
3	1	02	57	3	1	53	22
4	1	36	75	4	2	04	29
5	1	70	94	5	2	55	36
6	2	05	13	6	3	06	43
7	2	39	32	7	3	57	50
8	2	73	51	8	4	08	58
9	3	07	70	9	4	59	65
10	3	41	89	10	5	10	72
11	3	76	07	11	5	61	79
12	4	10	25	12	6	12	86
13	4	44	45	13	6	63	94
14	4	78	64	14	7	15	01
15	5	12	83	15	7	68	08
16	5	47	02	16	8	17	15
17	5	81	21	17	8	68	22
18	6	15	39	18	9	19	30
19	6	49	58	19	9	70	37
20	6	83	77	20	10	21	44

Réduction des hectares en arpens, et ares en perches.

Arpens de Paris, 18 pieds pour perche.				Arpens de 22 pieds pour perche.			
Hectares	Arpens.	Perches.	Dixièmes.	Hectares	Arpens.	Perches.	Dixièmes.
1	2	92	5	1	1	95	8
2	5	85	0	2	3	91	6
3	8	77	5	3	5	87	4
4	11	70	0	4	7	83	2
5	14	62	5	5	9	79	0
6	17	55	0	6	11	74	8
7	20	47	5	7	13	70	6
8	23	40	0	8	15	66	4
9	26	32	4	9	17	62	2
10	29	24	9	10	19	58	0
11	32	17	4	11	21	53	8
12	35	09	9	12	23	59	6
13	38	02	4	13	25	45	4
14	40	94	9	14	27	41	2
15	43	87	4	15	29	37	0
16	46	79	9	16	31	32	8
17	49	72	4	17	33	28	6
18	52	64	9	18	35	24	4
19	55	57	4	19	37	20	2
20	58	49	9	20	39	16	0

Pour les autres, comme il y en a une infinité, nous dirons seulement que l'arpent de 20 pieds vaut en nouvelle mesure 0 d'hectares, 42 ares, 20 centiares, et l'arpent de 24 pieds, toujours pour perche vaut 60 ares, 78 centiares.

Lois et usages concernant les opérations du bornage.

Le bornage des propriétés contiguës doit être fait dans l'état de la possession actuelle des propriétaires; et il n'y a lieu à arpentage pour déterminer où doivent être placées les bornes, qu'en cas de revendication de la part d'un des propriétaires.

S'il y a revendication, et qu'il résulte de l'arpentage qu'un des propriétaires possède une quantité plus grande que celle énoncée par ses titres, et l'autre une quantité plus petite, le bornage devra se faire de la manière suivante : 1° Si la quantité est égale à celle manquante, il n'y a aucune difficulté, on rendra au dernier ce que l'autre aura de trop. 2° Mais si la quantité excédante est plus grande que celle manquante, ou s'il y avait moins que celle portée aux titres, le terrain manquant ou l'excédant devra être partagé entre les parties, au prorata de leur quantité respective, en participant au gain comme à la perte, chacun proportionnellement à leur contenance d'après l'avis des plus fameux jurisconsultes.

Ce que nous venons de dire au sujet des restitutions, ne peut s'appliquer lorsque l'on invoque utilement la prescription, car cette manière d'acquérir est un titre légal auquel on ne peut opposer la mauvaise foi, ni même les titres. Ainsi quand même il serait prouvé que le terrain qui excède l'indication donnée par les titres faisait réellement partie de l'héritage contigu, dès que le premier possède non à titre précaire, depuis le temps nécessaire pour prescrire, il est, aux yeux de la loi, vrai propriétaire de l'objet contesté, par conséquent le bornage, doit dans cette circonstance, comme nous l'avons dit, être fait dans l'état de la possession actuelle. Néanmoins la prescription ne pourrait pas être invoquée, dans le cas où la possession serait clandestine ; c'est-à-dire, lorsqu'elle serait le résultat d'une anticipation faite graduellement en labourant ou en fauchant.

La mesure et le bornage doivent être faits à frais communs (Code civil art. 646) mais s'ils donnent lieu à quelques contestations, c'est à celui qui succombe à payer les frais de la contestation.

Personne n'a le droit de borner soi-même sa propriété, sans la participation et hors de la présence des parties intéressées. Si l'un borne en l'absence de son voisin, celui-ci peut le suivre devant le juge de paix, comme coupable de voies de fait. Si le bornage est fait par consentement mutuel, ou par autorité de justice, on ne peut arracher les bornes sans se rendre coupable du délit prévenu par l'article 455 du Code pénal.

Les arpenteurs, lorsqu'ils sont chargés de procéder à un bornage amiable, doivent, dans le cas où il s'éleverait des difficultés, engager les parties à compromettre, et ils rédigeront dans ce cas un compromis afin de les lier. Ce compromis pourra être fait par procès-verbal, devant les arbitres choisis, ou par acte devant notaire, ou sous seing-privé. On désigne les propriétés sur lesquelles les parties sont en contestation et les noms des arbitres, sous peine de nullité (art. 1004 de procédure). Le compromis sera valable, encore qu'il ne fixe pas le délai, et en ce cas la mission des arbitres ne durera que trois mois du jour du compromis. Pendant le délai de l'arbitrage, les arbitres ne pourront être révoqués que du consentement unanime des parties. Les articles 1012, 1013 et 1014 du Code de procédure, indiquent la manière dont finit le compromis, le dépôt, le cas de la récusation des arbitres.

Modèle d'un compromis pour une limite de terrain.

L'an mil huit cent trente..... le..... par-devant nous G....., arpenteur, demeurant à....., sont comparus les sieurs A..., B..., C..., demeurant à....., lesquels nous ont exposé, afin de maintenir la bonne intelligence qui existe entr'eux, qu'ils désireraient qu'il fût procédé à l'arpentage et bornage des immeubles dont la désignation suit : 1° une pièce de terre labourable, appartenant au sieur A..., contenant, d'après ses titres de propriété, ... ares, ... centiares, située à..... lieu dit....., tenant d'un coté au levant à....., au couchant à...., au midi à....., et au nord à.....; 2° une autre pièce de terre labourable, appartenant au sieur B..., etc.; 3° une autre pièce de terre labourable, au sieur C..., etc..... En conséquence, lesdits sieurs A..., B..., C... nous ont, par ces présentes, nommés seuls et uniques arbitres pour procéder à ce bornage en qualité d'amiables compositeurs, sans être astreints à suivre les règles de droit. Ils nous donnent pouvoir de juger sur chaque point des contestations qui pourraient s'élever au sujet de cette opération, (en premier ressort seulement, ou bien en premier et dernier ressort définitivement et irrévocablement) : pour quoi ils renoncent à se pourvoir contre notre jugement, par appel, requête civile et recours en cassation. Les parties nous autorisent à fixer les limites de leurs propriétés, immédiatement après notre visite des lieux ; par conséquent, dans le cas où elles auraient quelques observations à faire à cet égard, elles seront tenues de s'expliquer sur les lieux contentieux avant la clôture de nos opérations. Et ont, les parties comparantes, signé après lecture.

Signatures A... B... C...

Nous, arbitres soussignés, ayant accepté la mission à nous proposée, en avons donné acte aux parties, et nous sommes transportés de suite à l'endroit où les propriétés à borner sont situées, à l'effet de procéder aux opérations requises.

Signature G... et autres s'ils sont plusieurs.

Modèle de procès-verbal d'arbitrage que l'on pourra inscrire à la suite du compromis.

Et ledit jour..... et heure de..... en vertu du compromis ci-dessus souscrit par les sieurs A..., B..., C..., il a été, en leur présence, par nous arbitres soussignés, procédé au bornage des pièces de terre sus-désignées. N'ayant pu, d'après notre visite des lieux, reconnaître l'emplacement des anciennes bornes ni les limites apparentes, nous avons pensé, dans cette circonstance, qu'il était de toute justice d'en placer de nouvelles, de manière que chaque division soit proportionnelle aux contenances des parcelles. En conséquence, nous avons procédé immédiatement à la levée du plan général des propriétés à borner, et, après avoir vaqué à ce que dessus, depuis *telle* heure jusqu'à *telle* heure, cette opération se trouvant terminée, nous nous sommes ajournés, ce *tel* jour, à *telle* heure pour la continuation de nos autres opérations, et avons signé. *Signature* G... et autres s'il y en a.

Et pour la reprise, après avoir marqué l'heure et le jour, ou la continuation si c'est le même jour, d'après l'ensemble de nos opérations et de nos calculs, il est résulté : 1° que la masse des propriétés à borner contenait *tant* d'hectares, au lieu de..... que s'élèvent les titres de propriété; 2° que la part du premier, ou la première division appartenant au sieur A..., devait contenir..... au lieu de..... que porte son titre de propriété, et que les largeurs des côtés..... et..... étaient : la première, de.....; la deuxième, de..... mètres; ainsi pour les autres. En conséquence, nous avons planté des bornes et déclaré aux parties que telles étaient les limites de leurs propriétés, et que nous allions en envoyer la minute au tribunal de première instance de..... pour être rendu exécutoire par le président.

Modèle d'un procès-verbal d'arpentage fait à la requête d'un propriétaire.

L'an 183....., le....., à la requête du sieur....., demeurant à....., il a été, par nous....., arpenteur-géomètre soussigné, demeurant à....., procédé à l'arpentage d'une pièce de terre labourable à lui appartenant, située à....., lieu dit....., tenant d'un côté au nord à....., au midi à....., au levant à....., au couchant à..... D'après les lignes d'opération que nous avons tracées sur le terrain, nous avons reconnu que la longueur du côté ED était de..... mètres; la perpendiculaire BE, de..... mètres; la distance FE, de..... mètres; la perpendiculaire AF, de..... mètres, et le côté CF, de..... mètres. Il résulte de ces dimensions mesurées deux fois, que la surface du polygone ABCD, est de..... ares ..... centiares. Il a été vaqué à ce que dessus, depuis *telle heure jusqu'à telle heure*, et notre opération se trouvant terminée, nous avons clos et arrêté le présent procès-verbal, que le requérant a signé avec nous après lecture faite.

Signatures de l'arpenteur et du propriétaire.

L'arpenteur pouvant être appelé pour différentes opérations, nous allons donner quelques principes de lavis, du toisé, du cubage des bois, du jaugeage des tonneaux et de tracé de méridienne, renvoyant, pour de plus grands détails, à la fin de notre volume et au nouveau Bullet.

1° Les couleurs nécessaires pour laver un plan ou le passer à la couleur sont : l'encre de Chine, la sépia, la gomme-gutte, le carmin, le bleu de Prusse ou indigo, le vert d'eau. Avec ces couleurs principales, on fait toutes les teintes dont on a besoin pour représenter les objets. On délaie ces couleurs avec un peu d'eau, plus ou moins, selon que l'on veut affaiblir ou renforcer la teinte. Les terres labourables sont représentées par une teinte plate, roussâtre; on y fait, avec le pinceau ou la plume, des traits ou sillons.

Les prairies sont indiquées par un vert léger, fait avec du vert d'eau et de la gomme-gutte. On y dessine quelques touffes d'herbes.

Les bois se figurent par un vert plus foncé, sur lequel on dessine çà et là des têtes d'arbres avec l'encre de Chine pâle.

Les rivières, ruisseaux, étangs, sont représentés avec du vert d'eau ou du bleu de Prusse, et l'on indique, par une flèche, la direction du courant, en mettant la pointe du côté où descend l'eau.

Les chemins, les routes, se représentent par des traits parallèles faits à l'encre de Chine, ou par des courbes figurant les sinuosités de la route ou du chemin.

Les maisons et les édifices sont distingués par une teinte rouge assez vive, et si l'on indique les ombres, on suppose que la lumière se trouve à gauche.

2° Pour le toisé, je dirai seulement que lorsque l'on veut connaître le cube d'un mur ou d'une terrasse, entrepris au mètre ou toise cube, qu'il suffit de la hauteur, la longueur et l'épaisseur, et de multiplier ces trois dimensions l'une par l'autre pour connaître le cube quel qu'il soit.

Pour toiser le carrelage d'un appartement, il suffit de multiplier la longueur par la largeur, afin de connaître parfaitement la superficie, puisqu'il ne s'agit que de superficie; et si l'on veut connaître combien il faut de carreaux pour carreler cette pièce, il suffit de réduire en pouces ou en centimètres la superficie de la pièce, et de la diviser par le nombre de centimètres ou pouces de la superficie du carreau, et ce nombre de fois sera le nombre de carreaux nécessaires pour carreler l'appartement.

Pour le toisé des couvertures, on prend avec une ficelle le

pourtour, depuis l'un des bords de l'égout jusqu'à l'autre égout, en passant pardessus le faîte, et un pied pour chaque égout simple, deux pieds s'il est composé, et deux pieds pour les ruellées des deux bouts; ce pourtour sera multiplié par toute la longueur de la couverture, et le produit donnera la quantité de toises de la couverture. Dans toutes sortes de couvertures on ne rabat rien pour la place des lucarnes, de quelque manière qu'elles soient, ni des œils-de-bœufs, ni de la place des cheminées. Aux couvertures droites qui sont entre deux murs, où il faut faire des solins au lieu de ruellées, ces solins se comptent chacun pour un pied courant. Un égout composé de 3 tuiles compte pour 1 pied, et celui composé de 5 tuiles pour 2 pieds. Quand une couverture aboutit par le haut contre un mur, par exemple, un appentis, cela s'appelle filet, et ce filet est compté pour 1 pied courant. Le pesement d'une gouttière va pour un pied courant, et si l'on y fait une pente pardessus, cette pente est encore comptée pour 1 pied courant. On compte un œil-de-bœuf comme pour une demi toise. Une vue de faîtière pour 6 pieds de toise. Une lucarne damoiselle pour une demi-toise. Une lucarne flamande sans fronton, pour une toise et demie. Aux couvertures d'ardoises, les enfaîtemens qui doivent être faits de plomb ne se comptent point : quand les égouts sont d'ardoise ils ne sont comptés que pour un demi-pied courant. On compte les arêtiers pour un pied, les solins pour un pied, les pentes des chéneaux de plomb pour un pied courant.

3° Pour le toisé des bois de charpente, ou ils sont carrés ou ils sont en grume, s'ils sont en grume et que l'acheteur ne paie que le bon bois, voici une méthode pour le mesurer, c'est celle en usage dans l'artillerie. On mesure la circonférence de chaque bois à mesurer avec une chaîne ou autrement, on ajoute ces deux circonférences, on en prend le dixième, on élève ce dixième au carré, et on multiplie par la longueur de la pièce de bois; le résultat est le volume de bon bois contenu dans la pièce. Soit la longueur de la pièce de bois égale à 3 mètres 83, la circonférence d'un bout égale à 1 mètre 40, et l'autre égale à 1 mètre 10 ; j'ajoute 1,40 avec 1-10, et j'ai $= 2^m 50$, dont le dixième est 25 centimètres, je carre $0,25^c$, et j'ai $0,0625$, que je multiplie par la longueur 3 mètres 83, et je trouve le volume de cette pièce égal à 0,239, 375 ou 239 décimètres cubes, 375 centimètres cubes. Et pour le bois carré, on agit ainsi qu'il suit, savoir : supposé une pièce de bois de 26 pieds de long sur 15 à 18 pouces d'équarrissage. Pour avoir la quantité de solives, je multiplie les côtés l'un par l'autre, c'est-à-dire, 15 par 18, j'ai 270, que je multiplie par la longueur du morceau qui est de 4 toises 1 pied, je multiplie d'abord par 4 toises, et j'ai 1080 pouces, et je prends ensuite le 6me de 270 pour mon pied, qui est le 6me de la toise et il me vaut 45, qui ajoutées ensemble me donnent 1124 pouces que je divise par 72 pouces cubes contenus dans une solive, et j'ai pour réponse 15 solives 45 pouces.

4° Pour le jaugeage d'un tonneau, il faut faire les carrés du diamètre de la base, et de celui de la bonde, ajoutez le premier carré à deux fois le second et multipliez la somme par la longueur du tonneau, et puis par le nombre 261,8. Toutes les mesures doivent être exprimées un mètre, et fractions et prises à la partie intérieure du tonneau; sans cela l'épaisseur du bois serait comprise dans le volume : le résultat du calcul est le nombre de litres contenus dans le tonneau. Ainsi un tonneau a 61 centimètres de profondeur à la bonde, et 56 à la base, et de longueur 0,93 centimètres; on aura :

		1,0578
carré de 0,61 —	0,3721	0,93
	0,3721	31734
carré de 0,56 —	3136	95202
Fait	1,0578	0,983754

Reste à multiplier 281,8 et par 0,984 (négligeant les dix millièmes) on trouve 257,6112, ce qui indique que le tonneau contient 257 litres $\frac{6}{10}$.

5° Pour tracer une méridienne, on élève, sur un terrain bien horizontal, un bâton de 10 pouces de haut, portant à son extrémité supérieure une plaque de fer percée d'un petit trou et inclinée un peu à l'horizon. Par le trou, faites passer un fil à plomb : il indiquera sur la terre le pied d'une perpendiculaire dont le petit trou de la plaque est le sommet. A dix heures du matin, quand il fait soleil; marquez sur le terrain le point brillant qui se trouve dans l'ombre projetée par la plaque. Ce point est fourni par le petit trou, dont nous avons déjà parlé. Du pied de la perpendiculaire, indiqué par le fil à plomb, et avec un rayon terminé au point brillant, décrivez un arc de cercle. On observe après midi l'instant où le centre du petit trou éclairé tombe exactement sur l'arc que l'on a tracé. Si l'on joint par une ligne droite le pied de la perpendiculaire au milieu de l'arc dont les extrémités ont été formés par les deux points lumineux avant et après midi, cette ligne sera la méridienne cherchée. Nous ferons remarquer que ce moyen bien simple n'est d'une grande exactitude qu'aux mois de juin et de décembre; il est moins exact dans les autres mois; cependant l'erreur n'est pas considérable, et peut-être négligée.

Je ne terminerai pas sans donner un moyen de résoudre le plus simplement possible les progressions arithmétiques, dont l'usage est encore si fréquent. Pour résoudre une progression, il ne faut qu'ajouter le premier terme au dernier, prendre la moitié de la somme et la multiplier par le nombre des termes. Ainsi, combien en coûtera-t-il pour faire creuser un puits, dont le premier mètre sera payé 1 franc, le deuxième 2 francs, et le troisième 3 francs, et ainsi jusqu'à 100. Il faut d'abord ajouter 100 avec 1 qui donne 101, en prendre la moitié qui est 58-5, que l'on multiplie par 100, nombre des termes, et l'on a 58-50, après avoir retranché un o pour les dixièmes. Je dirai aussi deux mots d'un expédient qui peut être d'un grand secours pour embellir l'écriture. Comme la calligraphie est un art qui n'est pas accordé à tout le monde, je dirai mieux, que peu de savans possèdent, voici un moyen d'y suppléer. Se servir de la règle et du crayon est trop écolier pour qu'un arpenteur puisse en faire usage, et d'ailleurs vouloir l'effacer avec la gomme ternit l'écriture et salit le papier. Il faut prendre du charbon, le piler avec un marteau, pour le pulvériser entièrement; lorsqu'il est bien pilé, on le met sur une table ou planche de chêne, et l'on roule avec force une bouteille de verre dessus, en l'agitant de temps en temps, jusqu'à ce qu'il soit entièrement réduit en poussière; alors vous prenez un chiffon de grosse toile claire, vous en entortillez environ deux ou trois pincées dedans, et vous l'attachez avec une ficelle. Prenez alors de fort papier que vous découperez avec un canif et une règle à la distance que vous voudrez, et dans la grosseur convenable. Si vous voulez régler votre écriture dessus et dessous, vous coupez votre papier à la distance que vous voudrez proportionner votre écriture. Ensuite lorsque vous voudrez écrire vous appliquerez votre papier coupé sur la feuille que vous voudrez écrire, en observant de laisser la marge, et de mettre le nombre de lignes que vous jugerez à propos, puis passez légèrement votre petit paquet de charbon broyé (ponce) deux ou trois fois sur chaque ligne, et en retirant votre tracé vous trouverez de petites lignes noires sur votre papier semblables au crayon, mais que vous pourrez enlever en balayant avec le haut de votre plume, et sans qu'il y paraisse aucunement. Il est encore un moyen employé avec assez de succès, mais bien moins commode, c'est le transparent, ou morceau de papier, chargé de grasses lignes à l'encre que l'on met au-dessous de la feuille sur laquelle on écrit.

Nota. Ceux qui desireraient connaître plus en grand les probelèmes qui se représentent ordinairement en société, de quelque nature qu'ils soient, peuvent consulter les Récréations mathématiques par M. Mignot, qui se vendent chez le même libraire.

Notice sur la manière de mouler les lettres.

N'ayant trouvé nulle part des principes fixes pour le moulage des lettres, et sentant par moi-même la nécessité de ces principes, puisqu'il n'est, je pourrais dire, presque personne, qui, dans le commerce de la vie n'ait besoin de cet art; pour faire soit adresses ou affiches, et qui ne s'épargnât, s'il le pouvait faire par lui-même, les dépenses souvent considérables que ces sortes de choses occasionnent, voici donc ce que nous avons pensé d'après les principes reçus.

L'épaisseur du corps de la lettre doit être du tiers de la hauteur, et l'écartement entre chaque lettre doit être pour les lignes droites de la moitié de l'épaisseur du corps, et pour les lignes courbes du quart de l'épaisseur. Pour la largeur des lettres composées de lignes droites, telles que A, H, K, M, N, T, V, X, elle doit être des trois quarts et demi de leur hauteur, et pour E, F, L et YZ des trois quarts seulement, pris sur une échelle faite pour cela. Pour les lettres composées d'une seule ligne courbe C, G, O, Q, on fait le cercle de toute la hauteur des lettres, et l'on prend en dedans l'épaisseur du corps. Pour celles composées de plusieurs lignes courbes B, P, R, il faut prendre le demi cercle à une épaisseur de corps de la ligne droite, et prendre en dedans le corps voulu, ainsi que pour le D. Pour la lettre mixte U, il faut tracer la ligne droite jusqu'au milieu, puis par des arcs de cercle pris du milieu et du point de jonction sur la base, réunir les côtés. Pour le J, il faut tirer les lignes droites jusqu'aux 3/4 environ, et décrire le demi cercle de la grandeur voulue. Reste S, dont le tracé est tout particulier (fig. 409.) Il faut diviser la hauteur de la lettre d'abord en trois parties, puis celle du haut et du bas en deux, et des points 1, 2, 3, 4, 5, 6, décrire les demi cercles marqués.

Tracé d'un cœur. Pour tracer un cœur au compas, il faut, tirer une ligne droite AC, abaisser une perpendiculaire au point B; partager encore AC par deux autres points D, D, qui marqueront le centre des deux demi-cercles F, F, passer un peu au-dessous de la ligne AC jusqu'en EE, puis d'une ouverture arbitraire de compas, joindre les deux côtés E, E, en un point M.

Quand on a de mauvaise encre, il suffit de mettre dedans et sur le coton un peu de gomme arabique, et de l'agiter pour la faire fondre.

GÉOMÉTRIE

THÉORIQUE ET PRATIQUE.

CHAPITRE PREMIER.

DÉFINITIONS.

1. La géométrie est une partie des mathématiques, qui a pour objet la quantité que l'on nomme continue, et qui est étendue, ou en longueur seulement, ou en longueur et largeur, ou en longueur, largeur et profondeur; ces trois espèces de quantités ont pour termes des points, des lignes et des surfaces. Quand on ne considère l'étendue que par rapport à la longueur, comme un voyageur qui n'est occupé que de la longueur du chemin, elle s'appelle ligne; quand on la considère, comme l'arpenteur, sous le rapport de la longueur et de la largeur, elle s'appelle surface ou aire; et enfin les trois dimensions réunies, forment ce qu'on appelle un corps ou solide.

Du point.

2. Le point géométrique est insensible, c'est-à-dire qu'il n'a point d'étendue (*fig.* 1).

De la ligne.

3. La ligne est une longueur sans largeur. Il y en a de deux sortes, la ligne droite et la ligne courbe. La ligne droite est la plus courte que l'on puisse tracer d'un lieu à un autre (*fig.* 2), et la ligne courbe est celle qui n'est pas exactement comprise entre ses extrémités (*fig.* 3).

Des lignes parallèles.

4. Les lignes parallèles sont celles qui s'accompagnent à une égale distance (*fig.* 4).

De l'angle.

5. L'angle est l'ouverture de deux lignes qui se joignent à un point que l'on nomme sommet. L'ouverture des lignes fait la grandeur de l'angle, et non leur longueur. Les lignes sont appelées côtés des angles (*fig.* 5). L'angle est nommé rectiligne, lorsque les lignes qui le composent sont droites; curviligne, si elles sont courbes; et mixtiligne, si l'une est droite et l'autre courbe.

De l'angle droit, aigu et obtus.

6. Si une ligne droite, en rencontrant une autre ligne droite, fait des angles égaux de part et d'autre, ces angles sont droits; mais si elle les fait inégaux, le plus ouvert est obtus, et le moins ouvert est aigu. *Ex.* l'angle A est droit, l'angle B est obtus, et l'angle C est aigu *(fig. 6)*.

De la perpendiculaire.

7. La perpendiculaire est une ligne droite qui tombe ou qui s'élève sur une autre ligne droite, faisant des angles droits (*fig.* 7).

De l'angle alterne opposé et de même part.

8. Une ligne droite comme BE (*fig.* 8), coupant les parallèles BF, EG, l'angle A est alterne à l'égard de l'angle C; à l'égard de l'angle B, il est opposé au sommet, mais il est de même part que l'angle E et les angles A, D, B sont de suite.

De la surface.

9. La surface ou superficie est une quantité étendue en longueur et largeur, sans épaisseur ou profondeur.

De la surface plane.

10. La surface plane ou plate, qu'on appelle plan, est celle qui est également étendue entre ses extrémités, et sur laquelle une ligne droite peut être tirée en tous sens (*fig.* 9).

De la surface courbe.

11. La surface courbe est appelée convexe, si elle est relevée, et concave, si elle est creuse ou enfoncée (*fig.* 10). *Ex.* la surface A est convexe, et la surface B est concave.

De l'assiette des plans.

12. Un plan est horizontal et de niveau, s'il est couché comme le dessus d'une eau calme; vertical et à plomb, s'il est dressé comme un mur élevé bien droit, autrement il est incliné, penché et en talus.

Nota. Le point est un terme de la ligne, la ligne est un terme de la surface, comme la surface est un terme du corps. La ligne commence à un point, finit à un autre, et la surface est terminée ou d'une seule ligne ou de plusieurs, de même que le corps est terminé ou d'une seule surface ou de plusieurs.

De la figure.

13. La figure d'un plan est la modification de ses termes ou extrémités.

De la figure rectiligne.

14. La figure rectiligne est composée de lignes droites, que l'on nomme côtés.

Des polygones.

15. Toutes surfaces planes et rectilignes, sont nommées d'un nom général, polygones; mais chacune en particulier a un nom propre tiré du nombre de ses côtés.

On appelle :

Triangle ou trigone, la figure de 3 côtés (*fig.* 12, 13, 14.
Quadrilatère ou tétragone, celle de 4 côtés (*fig.* 9).
Pentagone, celle de 5 côtés (*fig.* 11).
Exagone, celle de 6 côtés.
Eptagone, celle de 7 côtés.
Octogone, celle de 8 côtés.
Ennéagone, celle de 9 côtés.
Décagone, celle de 10 côtés.
Undécagone, celle de 11 côtés.
Dodécagone, celle de 12 côtés.

Du triangle.

16. Tout triangle se distingue d'un centre par la différence de ses angles ou de ses côtés; de là 6 sortes de triangles, le triangle rectangle, le triangle ambligone, le triangle oxigone, le triangle équilatéral, le triangle isocèle et le triangle scalène.

Du triangle rectangle.

17. Le triangle rectangle est celui qui a un angle droit (*fig.* 12).

Du triangle ambligone.

18. Le triangle ambligone ou obtus-angle, est celui qui a un angle obtus (*fig.* 13).

Du triangle oxigone.

19. Le triangle oxigone a ses trois angles aigus (*fig.* 14).

Du triangle équilatéral.

20. Le triangle équilatéral a ses trois côtés égaux (*fig.* 15).

Du triangle isocèle.

21. Le triangle isocèle a seulement deux côtés égaux (*fig.* 16).

Du triangle scalène.

22. Le triangle scalène a ses trois côtés inégaux (*fig.* 17).

Les figures des 4 côtés reçoivent aussi des dénominations particulières de leurs angles et de leurs côtés.

Du carré.

23. Le carré est une figure de quatre côtés égaux, et de 4 angles droits (*fig.* 18).

Du rectangle.

24. Le rectangle ou carré long, a ses angles droits et seulement ses côtés opposés égaux (*fig* 19).

Du parallélogramme.

25. Le parallélogramme a ses côtés opposés parallèles (*fig.* 20).

Du rhombe ou losange.

26. Le losange ou rhombe est un parallélogramme qui a ses quatre côtés égaux, deux angles aigus et deux angles obtus (*fig.* 21).

Du trapèze.

27. Le trapèze régulier a deux côtés égaux, et les deux autres inégaux et parallèles (*fig* 22); et l'irrégulier à ses 4 côtés inégaux (*fig.* 23).

De la base.

28. La base est particulièrement le côté sur lequel la figure se repose comme le côté B C (*fig.* 22).

Du cercle.

29. Le cercle est un plan terminé d'une seule ligne appelée circonférence, qui est partout également éloignée d'un point que l'on nomme centre (*fig.* 24). Vulgairement on prend aussi le cercle pour la circonférence.

Du diamètre et du rayon.

30. Toutes lignes droites qui passent par le centre du cercle, et qui se terminent à la circonférence, s'appellent diamètres, et leurs moitiés, rayon ou demi-diamètres. (*fig.* 24.) HK est le diamètre, et D I est le rayon. Comme HIKD est la circonférence.

Des degrés, minutes, secondes.

31. La circonférence du cercle se divise en 360 parties égales ou degrés, la demi en 180 et le quart en 90; chaque degré en 60 minutes, chaque minutes en 60 secondes, et chaque secondes en 60 tierces; actuellement on la divise en 400 degrés, dont le quart est de 100. Alors le degré se divise en 100 minutes, la minute en 100 secondes, et la seconde en 100 tierces, ainsi de suite conformément au système décimal. D'après cette division, pour marquer un angle aigu de 92 degrés 45 minutes, 58 secondes (92° 45′ 58″), on écrira 01,924,558; ce qui signifie 0 quadrant, 92 centièmes de quadrant, 45 dix-millièmes de quadrant et 58 millionièmes de quadrant, qui devient beaucoup plus commode et plus avantageux.

De l'arc.

32. L'arc est une partie de la circonférence d'un cercle (*fig.* 25).

De la corde.

33. La corde est une ligne droite qui joint un arc par ses extrémités (*fig.* 25), la courbe T est l'arc, et la droite V est la corde.

Du périmètre.

34. Le périmètre est une ligne droite équivalente en longueur au contour, ou à la somme de tous les côtés du polygone; ainsi une ficelle enveloppée autour du polygone, étant développée en ligne droite, donne le périmètre du

polygone ; lorsque l'unité est le mètre, le périmètre s'exprime en unités métriques, ou en mesures anciennes si l'unité de mesure est ancienne. Quoique périmètre et contour n'expriment pas la même idée, puisque l'un est la mesure de l'autre, l'usage les a rendu synonymes.

De la mesure de l'arc et de l'angle.

35. Les degrés et leurs parties sont la mesure de l'arc, et l'arc est la mesure de l'angle (*fig.* 26), si le point B est le centre du cercle A C D, on jugera de la grandeur de l'arc A C, par le nombre de degrés et de minutes qu'il contient ; on jugera de l'ouverture de l'angle A B C par la grandeur de l'arc A C.

De la tangente.

36. La ligne tangente est celle qui touche un cercle sans le couper et sans le pouvoir couper ou traverser, même étant continuée comme la ligne E F (*fig.* 27).

De la sécante.

37. La ligne sécante croise, coupe et traverse le cercle, comme la ligne C D (*fig.* 27).

Du demi-cercle.

38. Le demi-cercle est terminé par le diamètre et la demi-circonférence (*fig.* 28).

De la portion du cercle ou segment.

39. Si on coupe un cercle en deux inégalement par une ligne droite, les parties sont appelées portions ou segmens (*fig.* 29). La partie A s'appelle grand segment et la partie B petit segment.

Du secteur.

40. Si on coupe un cercle en deux parties inégales par deux rayons, les parties sont dites secteurs (*fig.* 30). La partie C est grand secteur, et la partie B petit secteur.

De l'ovale.

41. L'ovale est un plan borné d'une seule ligne courbe qui se décrit de plusieurs centres, et que tous les diamètres divisent en deux également (*fig.* 31).

De l'ellipse.

42. L'ellipse est un plan terminé d'une seule ligne courbe, mais en forme d'œuf, et qu'un seul diamètre divise en deux parties égales (*fig.* 32).

De la figure régulière et irrégulière.

43. La figure régulière a ses parties opposées semblables et égales; et l'irrégulière est composée d'angles et de côtés inégaux.

De la figure équiangle.

44. La figure équiangle a tous ses angles égaux, et deux figures sont équiangles, si les angles de l'une, quoiqu'inégaux entr'eux, sont égaux aux angles de l'autre (*fig.* 33). Ainsi la figure C est équiangle à la figure D.

De la figure équilatérale.

45. La figure équilatérale a tous ses côtés égaux.

Des figures concentriques.

46. Les figures concentriques sont celles qui ont un même centre (*fig.* 35).

Des figures excentriques.

47. Les figures excentriques dépendent de plusieurs centres (*fig.* 34).

Des supplémens et complémens.

48. Quand un parallélogramme est divisé en quatre autres, par un point de sa diagonale, les deux parties C et D que la diagonale ne coupe pas, sont appelées supplément

et complément ; dans les angles, on entend par complément, une partie qui manque à un angle pour former un angle droit, et par supplément, ce qui lui manque pour égaler deux angles droits.

Du gnomon.

49. Le gnomon est la différence de deux rectangles, ou bien, c'est l'excès d'un rectangle sur un autre ; qui ont même angle et même diagonale (*fig.* 37). Les deux trapézoïdes HF pris ensemble, composent le gnomon.

De la diagonale.

50. La diagonale est une ligne qui va d'un angle à un angle opposé, en passant par le centre d'une figure rectiligne, comme BL (*fig.* 37).

Des parties communes.

51. Une partie est commune, lorsqu'elle appartient à plusieurs quantités, ainsi l'angle ABC appartient au rectangle DE (*fig.* 37), comme au rectangle AC, et est commun. Le triangle GHI (*fig.* 38), est commun aux deux triangles GIL, GIF, parce qu'il fait partie de l'un comme de l'autre.

De la quantité.

52. Une quantité est dite grande ou petite par la comparaison qu'on en fait avec une autre de même espèce.

De la raison de deux quantités.

53. Quand on compare deux quantités entr'elles, ce que l'une est à l'égard de l'autre est appelé raison ; ainsi, en comparant une ligne de deux pieds avec une de trois, on dit que la raison de l'une à l'autre est de deux à trois, ou que la première est à la deuxième, comme trois est à quatre, si la première est de trois pieds, et la deuxième de quatre pieds.

Des termes de la raison.

54. Les termes de la raison, sont les quantités comparées.

Des termes antécédens et conséquens.

55. En comparant la ligne A à la ligne B, la ligne A est le terme antécédent, et la ligne B le terme conséquent (*fig.* 39).

Des raisons semblables et égales.

56. Deux raisons sont semblables et égales, lorsque les termes de la première sont entr'eux comme les termes de la seconde. La raison de A à B est semblable et égale à celle de C à D, parce que, comme 2 est moitié de 4, 3 est moitié de 6.

$$A, B, C, D.$$
$$2, 4, 3, 6.$$

Des termes proportionnels.

57. Si deux raisons sont semblables, leurs termes sont proportionnels; ainsi : 4 étant deux tiers de 6, comme 2 sont deux tiers de 3, nous disons que les 4 termes ou quantités 2, 3, 4, 6, sont proportionnels.

De la proportion.

58. La proportion est un rapport de raisons.

Des termes de la proportion.

59. La proportion ne peut avoir moins de trois termes, et lorsque la proportion n'a que trois termes, celui du milieu est pris pour deux; comme si on dit que A est à B, comme B à C, 2 à 4, comme 4 à 8.

$$A, B, C$$
$$2, 4, 8$$

Des termes moyens et extrêmes.

60. Dans la proportion de 3 termes, celui du milieu est appelé moyen, et les deux autres extrêmes.

Des termes en proportion continue.

61. Les termes sont toujours proportionnels, lorsque ceux du milieu sont pris pour antécédens et pour conséquens; ainsi A est à B comme B à C, et B à C comme C à D.

$$A, B, C, D,$$
$$2, 4, 8, 16.$$

De la raison double et triple.

62. Lorsque quatre termes sont toujours proportionnels, le premier est en raison double avec le troisième, et en raison triple avec le quatrième, ainsi la raison de A à C, est double de celle de A à B, et celle de A à D est triple de la raison de A à B.

$$A, B, C, D.$$
$$1, 3, 9, 27.$$

De la raison inverse.

63. La raison inverse est en comparaison du conséquent à l'antécédent : ainsi la raison de A à B, étant la même que celle de C à D, on infère que B est à A comme D à C.

$$A, B; C, D.$$
$$2, 4; 4, 8.$$

De la raison alterne.

64. La comparaison alterne, est celle où la comparaison se fait du conséquent au conséquent, ou de l'antécédent à l'antécédent ; ainsi A étant à C, comme B à D ; on conclut : que A est à B, comme C à D.

De la proportion d'égalité.

65. La proportion d'égalité est un rapport des termes ex-

trèmes d'une suite de raisons, ou bien, c'est un rapport de raisons qui résulte de quelques autres raisonnemens semblables : ainsi après avoir comparé G à H, comme I à K; I à K comme L à M; et L à M comme N à O, on conclut donc N est à O comme G à H.

$$G. H : I. K :: L. M : N. O$$
$$2. 4 : 3. 6 :: 4. 8. : 5. 10$$
$$G. H :: I. K ; L. M :: N. O.$$
$$2. 4 :: 3. 6 ; 4. 8 :: 5. 10.$$

Ou bien s'il y a même raison de A à B (*fig. 41*), que de C à D, et de B à E, que de D à F, on tire cette conséquence, donc A est à E comme C est à F.

De la proportion de composition.

66. La proportion de composition est celle où l'on compare plusieurs termes pris ensemble, avec plusieurs autres aussi pris ensemble, ou bien celle où la comparaison se fait de plusieurs termes à un seul. Ainsi A étant à C comme B à D, et B à D comme E à F, l'on tire cette conséquence que les trois termes A, B, E pris ensemble, sont aux trois termes C, D, F, aussi pris ensemble, comme à E à F seuls; ou que les trois termes A, B, E, pris ensemble, sont à E, comme les trois termes C, D, F, pris ensemble, sont à F.

$$A, 6. \quad C, 4.$$
$$B, 9. \quad D, 6.$$
$$E, 3. \quad F, 2.$$
$$\overline{}$$
$$18. \quad 12.$$

De la proportion de division.

67. La proportion de division est quand, dans une raison ainsi que dans une autre, l'excès de l'antécédent sur le conséquent, est comparé au même conséquent : ainsi (*fig. 42*), si A B est à B E en même raison que, C D

à D F ont conclut que A E est à B E, comme C F à D F.

Des figures semblables.

68. Deux figures sont semblables quand elles ont les angles égaux et les côtés proportionnels; c'est-à-dire, que deux figures sont semblables (quoiqu'inégales), si les angles de l'une étant égaux aux angles de l'autre, leurs côtés sont en même raison.

Des termes homologues.

69. Dans les figures semblables, les côtés semblables sont dits homologues comme les côtés 3 et 4 (*fig.* 43).

Des termes réciproques.

70. Deux figures ont leurs côtés réciproques, si leurs côtés sont proportionnels alternes, c'est-à-dire, si en les comparant alternativement l'un à l'autre, l'antécédent de la première raison et le conséquent de la seconde, se trouve dans une même figure, et le moyen dans l'autre (*fig.* 44). Ainsi : si A B est à D F, comme D E à A C, ou si A B est à D E, comme D F à A C, ces deux rectangles B C, E F sont dits avoir leurs côtés réciproques.

Des plans égaux.

71. Les plans égaux contiennent également, et peuvent être semblables et différens.

De la similitude ou convenance des plans.

72. On dit que deux plans conviennent lorsqu'étant posés l'un sur l'autre, ils ne se surpassent en aucun endroit, les extrémités de l'un se trouvant précisément sur les extrémités de l'autre.

De la hauteur des plans.

73. La hauteur d'un plan est la perpendiculaire abaissée du sommet à sa base (*fig.* 45). Ainsi la perpendiculaire

A D, est la hauteur du triangle A B C, soit qu'elle tombe sur la base en dedans du triangle, ou qu'elle tombe en dehors.

Des figures inscrites et circonscrites.

74. Une figure rectiligne est inscrite dans un cercle, si elle le touche par tous ses angles (*fig.* 46), et elle est circonscrite lorsque tous ses côtés se joignent et touchent le cercle autour duquel elle est décrite (*fig.* 47).

De l'aire, superficie ou surface d'une figure.

75. L'aire d'une figure est toute l'étendue comprise entre ses termes.

De l'échelle.

76. L'échelle est une ligne droite, divisée en plusieurs parties, petites ou grandes, dont on se sert pour représenter ou des mètres, ou des toises ou des pieds, enfin la mesure convenue (*fig.* 48).

De l'hypothénuse.

77. L'hypothénuse est le côté opposé à l'angle droit, dans un triangle rectangle.

Du théorème.

78. Le théorème est une proposition qui énonce et démontre une vérité.

Du corollaire.

79. Le corollaire est la conséquence que l'on tire d'une ou de plusieurs propositions énoncées.

De l'axiome.

80. L'axiome est une vérité qui n'a pas besoin d'être démontrée pour être claire.

Nota. Les définitions que nous venons de donner, sont toujours indispensables, et même il est absolument nécessaire de les savoir par cœur, pour celui qui veut se livrer à l'étude de la géométrie, parce qu'elles se représentent à chaque pas dans le cours des opérations.

Après avoir donné les définitions, nous allons passer à la théorie.

CHAPITRE II.

THÉORIE.

Notions principales.

1. Les rayons d'un cercle sont égaux, de même que les lignes droites sont égales quand elles sont coupées d'une même ouverture de compas (*fig.* 49).

2. Les plans qui conviennent entr'eux, sont égaux et semblables (*fig.* 50).

DÉMONSTRATION. Ainsi on conclura que les plans OS, sont égaux et semblables, s'ils se trouvent avoir une même étendue par l'égalité de toutes leurs parties.

3. Deux quantités qui sont égales à une troisième, sont égales entr'elles.

DÉMONSTRATION. Ainsi les quantités A et C, qui sont égales à la quantité B, sont égales entre elles.

$$A, B, C,$$
$$8\ 8\ 8$$

4. Si on ajoute des quantités égales, à d'autres quantités égales, celles qui en seront composées, seront aussi égales.

DÉMONSTRATION. Les quantités A, jointes aux quantités égales B, donnent les quantités égales C.

$$A, 4, 4, 4,$$
$$B, 3, 3, 3,$$
$$\overline{C, 7, 7, 7,}$$

5. Si de plusieurs quantités égales on ôte des quantités égales, celles qui restent sont aussi égales.

DÉMONSTRATION. Otant les quantités égales B des égales A, restent les égales C.

A, 6, 6, 6,
B, 2, 2, 2,
C, 4, 4, 4,

6. Les quantités qui sont moitié, doubles ou triples d'une autre, ou de plusieurs autres semblables, sont égales; ou bien des quantités sont égales, si elles sont en même raison avec une autre, ou avec plusieurs autres égales et une ou plusieurs égales, sont en raison pareille avec des quantités égales.

DÉMONSTRATION. Ainsi, les nombres B, C, qui sont chacun double du nombre A, sont égaux; 4 égal à 4 : de plus le nombre A est au nombre B comme au nombre C, puisqu'il est sous double de l'un et sous double de l'autre.

A B C
2 4 4

7. Des quantités sont égales lorsqu'elles en ont d'égales avec une autre.

DÉMONSTRATION. Le nombre A vaut 10 avec le nombre B de même qu'avec le nombre C, parce que les nombres B et C sont égaux.

B. A. C
8., 2., 8

La proportion inverse.

8. Si quatre quantités sont proportionnelles, la première étant à la seconde comme la troisième à la quatrième, il y aura même raison de la seconde à la première, que de la quatrième à la troisième.

DÉMONSTRATION. La première quantité A est moitié de la seconde B, comme la troisième C est la moitié de la quatrième D : aussi la seconde est double de la première, comme la quatrième est double de la troisième.

A. B. C. D.
2. 4. 3. 6.

De la proportion alterne.

9. Si quatre quantités sont proportionnelles, elles le seront encore, prises alternativement.

DÉMONSTRATION. S'il y a même raison de la première quantité, à la deuxième, que de la troisième à la quatrième, il y aura aussi même raison de la première à la troisième, que de la deuxième à la quatrième : ce qui est évident ; car A étant deux tiers de B, et C deux tiers de D, A est double de C, comme B est double de D.

A. B. C. D.
8. 12. 4. 6.

De la proportion d'égalité.

10. Six quantités étant proportionnelles, tellement que la première soit à la deuxième comme la troisième à la quatrième, et la troisième à la quatrième comme la cinquième à la sixième, la première sera à la deuxième, comme la cinquième à la sixième ; ou bien, si trois quantités sont entr'elles, ainsi que trois autres, la première sera à la troisième, comme la quatrième à la sixième.

DÉMONSTRATION. Comme A à B, C à D, et C à D comme E à F, aussi A à B, 2 à 4, comme E à F, 5 à 10.

Les quantités G, H, I, sont entre elles comme les quantités K, L, M, et comme G à I, 1 à 3, K à M, 2 à 6 ; puisque 1 est le tiers de 3, comme 2 est le tiers de 6.

A. B ; C. D ; E. F.
2. 4 ; 3. 6 ; 5. 10.
G. H. I : K. L. M.
1. 2. 3 : 2. 4. 6.

De la proportion de composition.

11. Si plusieurs quantités sont proportionnelles, un antécédent sera à son conséquent comme tous les antécédens, pris ensemble, à tous les conséquens aussi pris ensemble. Et un antécédent sera à tous les antécédens, pris ensemble, comme son conséquent à tous les conséquens aussi pris ensemble.

DÉMONSTRATION. 1° Les termes 3, 9 ; 2, 6 ; 1, 3 ; sont proportionnels : ainsi, comme l'antécédent A est au conséquent B, 3 à 9; les trois antécédens A C E, pris ensemble, sont aux trois conséquens B D F; aussi pris ensemble; 6 étant le tiers de 18, comme 3 est le tiers de 9.

2° L'antécédent E, est aux trois antécédens A, C, E, 1 à 6, comme le conséquent F aux trois conséquens B, D, F, 3 à 18; un étant six fois dans le nombre 6, comme trois est six fois dans 18.

A. 3.	B. 9.
C. 2.	D. 6.
E. 1.	F. 3.
6.	18.

De la proportion de division.

12. Les quantités qui sont proportionnelles étant composées, le sont encore étant divisées (*fig.* 51).

DÉMONSTRATION. La raison de AB à BE, 10 à 6, est pareille à celle de CD à DF, 20 à 12; aussi y a-t-il même raison de AE à BE, 4 à 6, que de CF à DF, 8 à 12.

13. Les arcs qui mesurent un même angle, ou des angles égaux, sont en même raison avec leurs cercles, et contiennent même nombre de degrés (*fig.* 52).

DÉMONSTRATION. Supposé les angles égaux AEB, CED, posés l'un sur l'autre, comme n'en faisant qu'un seul; les cercles ABI, CDF, étant décrits du point E, il est évident que, si par exemple, l'arc AB est de 60 degrés, sixième partie de 360, et que le reste du cercle soit divisé de 60 en 60 degrés, par des lignes menées au centre E; le petit cercle sera divisé comme le grand en six parties égales : et que comme l'arc AB qui mesure l'angle AEB, sera la sixième partie de son cercle, ABI; l'arc CD qui mesure l'angle CED, sera aussi de 60 degrés, sixième partie de son cercle CDF.

14. Dans les angles égaux, les arcs décrits d'une même ouverture de compas sont égaux; et si les arcs sont égaux, les angles le seront aussi (*fig.* 53).

DÉMONSTRATION. Si les angles ABC, CAD sont égaux, ils sont mesurés par des arcs BC, CD, qui ont même raison avec leur cercle; de sorte que si l'arc BC est de 40 degrés, CD est aussi de 40 degrés; et ces degrés étant les parties égales d'un même cercle BDE, l'arc BC est égal à l'arc CD. De plus, il s'ensuit avec évidence que ces arcs, étant égaux, les arcs BAC, CAD, qui sont mesurés, sont aussi égaux.

15. Lorsque deux lignes droites et parallèles se terminent sur une autre ligne droite, les angles qu'elles font sont aussi égaux (*fig.* 54).

DÉMONSTRATION. On sait naturellement que les lignes AB, CD, étant parallèles, elles sont inclinées l'une comme l'autre sur la ligne GH, et que les angles qu'elles font, par exemple les angles A et C, sont égaux ; et que si ces angles étaient inégaux, les lignes AB, CD, seraient inclinées diversement, et ne seraient pas parallèles.

16. Il s'ensuit que les lignes qui tombent sur une autre faisant des angles égaux, sont parallèles.

17. Deux côtés d'un triangle, pris ensemble, sont toujours plus grands que le troisième.

DÉMONSTRATION. Le plus court chemin d'un endroit à un autre, est la ligne droite; ainsi les côtés AC, CB, qui font un angle, sont plus grands, pris ensemble, que la seule base AB (fig. 55).

18. Une ligne qui tombe sur une autre fait avec elle deux angles qui, pris ensemble, valent deux angles droits, ou 180 degrés (*fig.* 56).

DÉMONSTRATION. 1° Si la ligne AB est perpendiculaire sur CD, les deux angles CBA, ABD sont droits.
2° Supposé la ligne BE, les deux angles DBE, EBC, qui ont un demi-cercle pour mesure ou 180 degrés sont égaux, pris ensemble, aux deux angles droits CBA, ABD, qui valent aussi 180 degrés.

19. Quand deux lignes droites se coupent, les angles opposés au sommet sont égaux (*fig.* 57).

DÉMONSTRATION. Les lignes DE, FG se coupent; je prouve donc que les angles A et B, opposés au sommet, sont égaux. L'angle C vaut deux angles droits avec l'angle A, comme l'angle B; donc les angles A et B sont égaux.

20. Une ligne droite qui coupe deux parallèles fait les angles alternes égaux (*fig.* 58).

DÉMONSTRATION. La ligne AB coupant les parallèles HE, DF,

nous disons que les angles alternes D,H sont égaux. L'angle C est égal à l'angle D, il est aussi égal à l'angle H, opposé au sommet; donc l'angle D est égal à l'angle H, son alterne, d'où je conclus :

21. Deux lignes droites sont parallèles si une troisième, venant à les traverser, fait des angles alternes égaux.

22. S'il se trouve dans un triangle un angle et deux côtés égaux, pris en même ordre dans un autre triangle, les deux triangles sont égaux et semblables; c'est-à-dire, que les côtés et les angles de l'un sont égaux aux côtés et aux angles de l'autre (*fig.* 57).

DÉMONSTRATION. 1° Que les côtés AB, AC du triangle ABC, soient égaux aux côtés DE, DF du triangle DEF, et que l'angle CAB soit aussi égal à l'angle D, je dis que les deux triangles sont égaux et semblables. Si l'angle D était posé sur l'angle CAB, qui lui est égal, les côtés DE et DF tomberaient sur leurs égales AB, AC, et la base EF se trouverait sur la base BC, ainsi les deux triangles ABC, DEF, conviendraient entre eux, donc ils sont égaux et semblables.

2° Supposé les côtés AB, AC égaux aux côtés DE, DF, et l'angle B à l'angle E; je dis encore que les deux triangles sont égaux et semblables, que l'arc GH soit décrit du point A et de l'intervalle AC ou DF, son égal.

Si l'angle E était posé sur l'angle B, les lignes AB, DE étant égales, le point D serait sur le point A, et la ligne DF tomberait précisément sur son égale AC; car plus haut, comme en AG, elle ne joindrait pas la base BC, ou en serait coupée, si elle se trouvait plus bas, comme en AH : ainsi les trois points D,E,F, se trouveraient sur les trois points A,B,C; donc les deux triangles sont égaux et semblables.

23. Deux triangles qui ont leurs côtés égaux sont équiangles, semblables et égaux (*fig.* 60).

DÉMONSTRATION. 1° Que les côtés du triangle ABC soient égaux aux côtés du triangle DEF; je dis que 1° les deux triangles ont aussi les angles égaux, c'est-à-dire, que les angles de l'un sont égaux aux angles de l'autre, ce que je prouve ainsi : si on suppose seulement les côtés AB, AC égaux aux côtés DE, DF; mais l'angle A égal à l'angle D, il s'ensuivra que la base BC sera égale à la base EF : or, les bases BC, EF, sont établies égales; donc les angles A et D sont égaux, et de même pour les autres.

2° Ces triangles ayant leurs côtés et leurs angles égaux, ils conviendront en toutes leurs parties si on les pose l'un sur l'autre; donc ils sont équiangles égaux et semblables, d'où l'on conclut :

24. Dans les triangles égaux et semblables, les angles égaux sont opposés aux côtés égaux (*fig.* 61).

DÉMONSTRATION. Le triangle ABC est isocèle; j'ai donc à faire voir que les angles A et B, opposés aux côtés égaux AC, BC, sont égaux. Que la base AB soit divisée en deux également par la ligne DC, les deux triangles E, F seront équiangles; car les côtés de l'un seront opposés aux côtés de l'autre; donc les angles A et B opposés au côté commun DC sont égaux, d'où il s'ensuit que :

26. Si deux lignes, AC, BC, s'inclinent l'une vers l'autre, par des angles égaux sur une troisième, elles font un triangle isocèle.

27. Le côté prolongé d'un triangle fait un angle extérieur qui est égal aux deux intérieurs opposés (*fig.* 62).

DÉMONSTRATION. Que la base AB, du triangle ABC, soit prolongée vers G; je dis que l'angle CBG, qu'on appelle extérieur, est égal aux deux intérieurs opposés A et C. J'ai tiré EF, parallèle à AC: ainsi l'angle E est égal à l'angle A (15 et 20), et l'angle D, l'est à son alterne C. Donc le seul CBG est égal aux intérieurs opposés A et C; d'où il suit que :

28. L'angle extérieur d'un triangle est toujours plus grand que l'un ou l'autre des intérieurs opposés.

29. Les trois angles d'un triangle valent deux angles droits, ou 180—200 degrés (*fig.* 63).

DÉMONSTRATION. Les angles A et C, pris ensemble, sont égaux à l'angle extérieur D (27), les angles B, D valent deux angles droits (18) 180 degrés : donc les angles B, A, C, valent aussi deux angles droits. Il s'ensuit que :

30. 1° Les trois angles d'un triangle valent autant, pris ensemble, que les trois angles d'un autre triangle.

31. 2° Si deux triangles ont deux angles égaux, ils sont équiangles (*fig.* 64).

DÉMONSTRATION. Si les angles A et B du triangle ABC sont égaux aux angles D et E du triangle DEF, l'angle C est aussi égal à l'angle F.

32. 3° Si un triangle a un angle droit ou obtus, les deux autres sont aigus.

33. Le plus grand angle d'un triangle est opposé au plus grand côté (*fig.* 65).

DÉMONSTRATION. Le côté AB, du triangle ABC, étant plus grand que le côté BC, je fais voir que l'angle ABC est plus grand que l'angle A. J'ai coupé BD égal au coté BC, ainsi le triangle BCD, est isocèle, et les angles C, D, sont égaux (25). Or, l'angle D qui est extérieur, eu égard au triangle ADC, est plus grand que son opposé intérieur A, (28) et l'angle C qui est égal à l'angle D, ne fait que partie de l'angle ACB : donc l'angle ACB est plus grand que l'angle A.

34. Un triangle qui a un côté et deux angles égaux à ceux d'un autre, lui est égal en toutes ses parties (*fig.* 66).

DÉMONSTRATION. 1° Supposé qu'on trouve dans le triangle A les angles B,C, égaux aux angles E,F, du triangle D, on conclut (31) que les deux triangles sont équiangles. 2° Si l'un des côtés, par exemple, la base BC, est égal à la base EF, il est évident que les deux triangles conviendront ensemble, étant posés l'un sur l'autre; car, supposé la base BC sur la base EF, les côtés AB, AC, se trouveront aussi sur les côtés DE, DF; autrement les triangles ne seraient pas équiangles : donc le triangle A est, en toutes ses parties, égal au triangle D (2).

35. Dans une figure de quatre côtés, les quatre angles, pris ensemble, sont égaux à quatre droits (*fig.* 67).

DÉMONSTRATION. Supposé la diagonale B D, les angles du quadrilatère AC, sont composés de deux triangles E,F, qui, pris ensemble, valent quatre angles droits (29).

36. Les lignes qui en joignent deux autres égales et parallèles, sont égales et parallèles; faisant ensemble un parallélogramme (*fig.* 68).

DÉMONSTRATION. Que les lignes AB, CD, soient égales et parallèles, je trouve que AC, BD, qui les joignent, sont aussi égales et parallèles. 1° Supposé la ligne AD, les angles alternes E, F, sont égaux (20), et les côtés de l'angle E, étant égaux à ceux de l'angle F, les triangles ACD, ABD sont égaux et semblables (22). Les lignes AC, BD sont donc égales (24). 2° Puisque les triangles ACD, ABD, sont semblables, ils ont (24) les angles G, H, égaux, qui étant alternes, AC, BD sont parallèles (21), et le plan ABCD est un parallélogramme. D'où il suit que :

37. Un parallélogramme est coupé en deux également par sa diagonale.

38. Un parallélogramme a ses angles et ses côtés opposés égaux (*fig.* 60).

DÉMONSTRATION. Je dis que les angles opposés A, D, B, C, du parallélogramme AD, sont égaux, comme aussi ses côtés opposés AB, CD, AC, BD. Que le côté CD soit prolongé vers F, et AB vers E, 1° les lignes AB, CD, AC, BD, étant parallèles, l'angle E est égal à son alterne D, (20) il est aussi égal à l'angle A, qui est de même part (15); donc (3) les angles AD, sont égaux. De plus, l'angle D est égal à l'angle de même part F, comme à l'angle E, son alterne : ainsi les angles E, F, sont égaux : les angles C, F, valent deux angles droits, de même que les deux angles B, E (18) ; donc (5) les angles opposés, B, C, sont aussi égaux. 2° Si la ligne AC partait d'une même ouverture d'angles entre les parallèles CD, AD, il est évident que le point A, n'arriverait pas plus tôt sur le point B, que toute la ligne AC, se trouverait sur sa parallèle BD, et que le point C aurait fait autant de chemin dans la ligne CD, que le point A en aurait fait dans la ligne AB : donc les lignes AB, CD sont égales (36) AC, BD, le sont aussi. D'où il s'ensuit que :

39. Un plan de quatre angles est parallélogramme, si les côtés opposés sont égaux.

40. Les parallélogrammes sur une même base, et entre les mêmes parallèles sont égaux (*fig.* 70).

DÉMONSTRATION. Les parallélogrammes BC, AF sont sur une même base AB, et entre les mêmes parallèles AB, CF ; j'ai donc à faire voir qu'ils sont égaux. Dans les parallélogrammes, les côtés opposés sont égaux (38). Ainsi les lignes AC, AE, sont égales aux lignes BD, BF; et AB l'est à CD, de même qu'à EF; de plus, CD l'est à EF (3) et CE à DF (4). Les lignes AC, CE, AE étant donc égales aux lignes BD, DF, FB, les triangles ACE, BDF sont égaux (23); si on en ôte le commun G, le quadrilatère H restera égal au quadrilatère I (5), mais si à ce quadrilatère on ajoute le petit triangle O, le parallélogramme ABCD sera égal au parallélogramme ABEF. D'où l'on conclut que :

41. Les parallélogrammes de même hauteur, faits sur des bases égales, sont égaux (*fig.* 71).

42. Les triangles décrits sur une même base, et entre les mêmes parallèles, sont égaux (*fig.* 72).

DÉMONSTRATION. Les triangles ABC, ABD sont sur une même base AB, et se terminent entre les mêmes parallèles CF, AB : ainsi il faut prouver leur égalité. Pour cela, qu'on suppose BE parallèle à AC, et BF parallèle à AD. Les parallélogrammes ABCE, ABDF sont égaux (40), les triangles proposés ABC, ABD, sont leurs moitiés (37) : donc ils sont égaux (6), donc il est évident que :

43. Les triangles de même hauteur faits sur des bases égales, sont égaux (*fig.* 73).

44. Si un parallélogramme et un triangle sont sur une même base, et entre mêmes parallèles, le parallélogramme est double du triangle (*fig.* 74).

DÉMONSTRATION. Que les lignes AB, CE, soient parallèles, nous disons que le parallélogramme ABCD est double du triangle ABE; tirez la diagonale BC, les triangles ABC, ABE sont égaux (42); le parallélogramme ABCD est double du triangle ABC (37) : donc il est double de son égal ABE.

45. Dans tout triangle rectangle, le carré du côté opposé à l'angle droit, que l'on nomme hypoténuse, est égal aux carrés des deux autres côtés (*fig.* 75), et la perpendiculaire abaissée de l'angle droit, coupe le carré opposé en deux rectangles, qui sont entre eux comme les deux autres carrés, chaque rectangle étant égal à son carré.

DÉMONSTRATION. L'angle BAC, étant droit, on dit que le carré

BE est égal aux deux carrés O, S, et supposé la perpendiculaire AH, je prouve 1° que le rectangle BH est égal au carré O. Tirez les lignes CF, AD, les triangles BFC, BDA, sont égaux (22), ils ont les côtés FB, BC; AB, BD égaux; comme aussi leurs angles FBC, ABD, qui sont composés chacun d'un angle droit et du commun ABC. Le carré O est double du triangle BFC, et le rectangle BH est double du triangle BAD : donc le carré O est égal au rectangle BH (6). De même le carré S est égal au rectangle GH : donc le carré DC est égal aux deux carrés O, S, et ces deux carrés sont entre eux comme les deux rectangles BH, CH; d'où il suit que :

46. Si un triangle rectangle est isocèle, le carré du côté opposé à l'angle droit, est double de chacun des carrés faits sur les côtés égaux (*fig.* 76).

47. Les triangles de hauteurs égales, sont entre eux comme leurs bases (*fig.* 77).

DÉMONSTRATION. Supposé EF, parallèle à AD, on dit que le triangle ABE est au triangle CDF, comme la base AB est à la base CD, double ou triple du triangle CDF. Supposé la base AB, de 5 pieds, la base CD de 3, et que de ces parties on ait mené des lignes aux angles EF; ces lignes diviseront les triangles proposés en huit petits triangles qui seront égaux (43); le premier ABE en contiendra cinq, et le deuxième CDF trois : donc les triangles ABE, CDF, sont entre eux en raison de 5 à 3, comme leurs bases AB, CD.

48. Les parallélogrammes de même hauteur sont en même raison que leurs bases (*fig.* 78).

DÉMONSTRATION. Le parallélogramme CD, composé de 8 triangles égaux, est double du parallélogramme AB, composé de 4 ; comme la base CE, de 4 parties égales, est double de la base AO de deux.

49. Les trapèzes de hauteur égale, sont entre eux comme leurs bases, quand leurs bases sont en même raison, que les côtés parallèles qui leur sont opposés (*fig.* 79).

DÉMONSTRATION. Les bases AB, CD, sont entre elles comme leurs côtés opposés parallèles EF, GH : car comme 4 à 6, 2 à 3, aussi le premier trapèze de 6 triangles est au deuxième de 9, comme la base AB à la base CD 2 à 3.

50. Les trapèzes de même hauteur, dont les bases se trouvent parallèles à leurs côtés opposés, sont entre eux comme les sommes de leurs côtés parallèles (*fig.* 80).

DÉMONSTRATION. La somme des côtés parallèles AB, CD, est 18, celles des côtés parallèles EFH, est 6 ; et comme 18 est triple de 6, aussi le trapèze AD, composé de 18 triangles, est triple du trapèze EH, composé de 6.

51. Si dans un triangle une ligne est parallèle à un des côtés, elle divise les deux autres proportionnellement (*fig.* 81).

DÉMONSTRATION. Que la ligne EF soit parallèle au côté BC, on prouve que le côté AB est coupé en E, comme le côté AC l'est en F, c'est-à-dire que la raison de AE, EB, est semblable de AF à FC, supposé les lignes CE, BF. Les triangles EFB, EFC, sont égaux (42 et 47) ; comme AE est à BE, le triangle AEF est au triangle BEF ou CEF son égal ; de plus, comme le triangle AEF au triangle CEF, AF, est à FC : donc (10), par la proportion d'égalité il y a même raison de AE à EB, que de AF à FC ; d'où il suit que :

52. La ligne qui divise proportionnellement deux côtés de triangle est parallèle au troisième.

53. Les triangles équiangles ont les côtés proportionnels (*fig.* 82).

DÉMONSTRATON. Si les triangles ABC, DCE, sont équiangles, ils ont les côtés proportionnels, c'est-à-dire que les côtés du premier sont entre eux comme les côtés du deuxième ; ce que je prouve ainsi : que les bases BC, CE, ne fassent qu'une ligne droite, les angles ABC, DCE étant égaux, de même que les angles ACB, DEC ; les côtés AB, CD, sont parallèles : comme aussi les côtés AC, DE (16), et BA, ED, étant prolongés en F, ACDF, est un parallélogramme qui a les côtés AF, FD égaux à leurs opposés CD, CA (38). Cela posé, je dis : 1º dans le triangle BEF, CD est parallèle à BF (51) ; il y a même raison de DE à DF, ou CA son égale, que de CE à CB ; et par échange (9), DE est à CE, comme AC à BC. 2º La ligne AC est parallèle à EF, ainsi il y a même raison de AB à AF, ou CD son égale, que de CB à CE ; et par échange BA est à BC, comme CD à CE ; et enfin par égalité (10) AB est à AC, comme DC à DE : donc les triangles équiangles ont les côtés proportionnels. Il s'ensuit que :

54. Les triangles qui ont les côtés proportionnels, sont équiangles. De plus :

55. Les triangles qui ont les angles égaux ou les côtés proportionnels, sont semblables (*fig.* 78).

56. Le triangle rectangle se divise en deux autres qui lui sont semblables par la perpendiculaire tirée de l'angle droit par le côté opposé (*fig.* 83).

Démonstration. Supposé que la ligne BD, tirée de l'angle droit ABC, soit perpendiculaire au côté opposé AC, je prouve que les triangles ABD, BCD, sont semblables au triangle rectangle ABC. 1° Les triangles ABC, ABD, ont l'angle A commun, et leurs angles ABC, ABD, sont droits : donc (31) ils sont équiangles, et semblables (55). 2° Les triangles ABC, BCD sont aussi semblables par la même raison ; ils ont l'angle D commun, et chacun un angle droit.

57. Deux triangles sont semblables, quand ils ont un angle commun, et les côtés opposés à cet angle parallèles (*fig.* 84).

Démonstration. Que DE soit parallèle à BC, je dis que les triangles ADE, ABC, sont semblables. Puisque les lignes BC, DE sont parallèles, l'angle D est égal à l'angle B ; l'angle E l'est à l'angle C (15) ; l'angle A est commun : ainsi les angles ABC, ADE, ont les angles égaux et sont semblables (55).

58. Deux triangles qui ont un angle égal, et les côtés de cet angle proportionnels, sont semblables (*fig.* 85).

Démonstration. Si AB est à AD comme AC à AE, les triangles ABC, ADE, sont semblables; ce que je prouve par la raison de division (12), AD est à BD, ainsi que AE à EC : donc DE est parallèle à BC (52), et les triangles sont semblables (56). La même chose doit s'entendre des triangles séparés O et P.

59. Deux lignes qui se croisent entre deux parallèles, font deux triangles semblables; et si une des lignes croi-

sées est coupée en deux également par l'autre, ou que les deux parallèles soient égales, les triangles sont semblables et égaux (*fig.* 86).

Démonstration. 1° Les lignes AE, BD se coupent entre les parallèles AB, DE : je dis que les triangles ABF, CDE, sont semblables. Les angles opposés CF sont égaux (19); les alternes AE le sont aussi, de même que les alternes B, D (20). Donc (55) les triangles ABF, CDE, sont semblables. 2° Si AE est coupée également par BD, ou BD par AE, ou que AB soit égale à sa parallèle DE, les deux triangles sont semblables et égaux (34).

60. Si deux triangles égaux ont un angle égal, les côtés qui font cet angle, sont réciproques (*fig.* 87).

Démonstration. Les triangles S, I étant égaux, et leurs angles au point B égaux, on prouve que AB, base du premier triangle, est à BD, côté du second, comme BE, base du second, est à BC, côté du premier. Que AD, CE soient deux lignes droites, et qu'elles fassent, avec la ligne CD, le triangle O, puisque les triangles S, I sont égaux, ils ont même raison que le triangle O, c'est-à-dire qu'il y a même raison du triangle S au triangle O, que du triangle I au même triangle O, et ces triangles étant entre eux comme leurs bases (47). AB, base du triangle S, est à BD, base du triangle O, comme BE, base du triangle I, est à BC, base du même triangle O. Donc les triangles proposés, S, I, ont été réciproques. D'où il s'ensuit que :

61. Deux triangles sont égaux, s'ils ont un angle égal, et les côtés de cet angle réciproques.

62. Quatre lignes étant proportionnelles, le rectangle compris sous les extrêmes, est égal au rectangle compris sous les moyennes (*fig.* 88).

Démonstration. Que AB soit à BC, comme BD à BE, le rectangle AE, compris sous les extrêmes AB, BE, est égal au rectangle BH, compris sous les moyennes BC, BD : ce que je démontre ainsi : que les lignes ABC fassent une ligne droite, de même que les lignes DBE, et que BF soit un rectangle produit par la continuité des lignes GE, HC.

Il y a même raison du rectangle AE au rectangle BF, que de la base AB à la base BC; et du rectangle BH au rectangle BF, que de la base BD à la base BE (48). La raison de la base AB à la base BC, 12 à 8, est comme celle de la base BD à la base BE, 3 à 2. Ainsi il y a même raison du rectangle AE au rectangle BF, que du rectangle BH au même rectangle BF : donc (6) les rectangles AE, BH, sont égaux ; aussi contiennent-ils chacun 24 petits carrés égaux.

63. Les rectangles égaux ont les côtés réciproques.

DÉMONSTRATION. Les rectangles AE, DC, sont égaux, nous l'avons prouvé ; et comme AB à BC, 12 à 8, BD à BE, 3 à 2 ; ou, ce qui est la même chose, comme AB à BD, 12 à 3 ; BC à BE, 8 à 2. Ainsi l'antécédent de la première raison et le conséquent de la seconde se trouvent dans le premier rectangle AE : donc les rectangles égaux AE, BH, ont les côtés réciproques.

64. Trois lignes étant proportionnelles, le rectangle compris sous les extrêmes est égal au carré fait sur la moyenne ; et si le carré est égal au rectangle, les lignes sont proportionnelles (*fig.* 89).

DÉMONSTRATION. 1° Que les lignes A, B, C soient proportionnelles, le rectangle BC, compris sous les extrêmes AC, est égal au carré BE, fait sur la moyenne B. Ce que je prouve ainsi : comme A à B, ou E son égale, ainsi B à C. Donc (62) le rectangle AC est égal au carré BE. 2° Le carré et le rectangle étant égaux, ils ont les côtés réciproques (63). Ainsi comme A à E, ou B son égale, B à C.

65. Les complémens ou supplémens d'un parallélogramme sont égaux (*fig.* 90).

DÉMONSTRATION. Que les supplémens FH, GI soient égaux ; je le démontre. Les trois parallélogrammes AD, HI, FG, sont coupés en deux triangles égaux par la diagonale BC (37) ; donc si des triangles égaux, ABC, BCD, on soustrait les égaux BHE, BIE, CEF, CEG, les supplémens FH, GI, resteront égaux (5).

66. Les triangles semblables sont en raison double, ou ce qui est la même chose, ils sont entr'eux comme les carrés de leurs côtés homologues (*fig.* 91).

DÉMONSTRATION. Supposé les triangles semblables ABC, DEF, on dit qu'ils sont en raison double de leurs côtés homologues, BC, EF, de sorte que si une ligne GH est à EF, comme EF à BC, ABC sera au triangle DEF comme la base BC à la troisième proportionnelle GH. Que BI soit coupée égale à GH. Les angles B, E, sont égaux, puisque les triangles ABC, DEF sont semblables; et AB est à DE, comme BC à EF (53); de plus, comme BC à EF, EF à GH ou BI son égale : ainsi comme AB à DE, EF à BI (10), les triangles ABI, DEF ont donc les côtés réciproques autour des angles égaux, B, E, et (61) ils sont égaux. Mais le triangle ABC, a même raison à ABI, que BC à BI ou GH son égale (47); ABC est à ABI ou DEF son égal, comme BC à GH : de sorte que si BC était double, moitié ou triple de GH, le triangle ABC serait double, moitié ou triple du triangle DEF; BC est quadruple de GH, donc ABC est quadruple du triangle DEF; de même que le carré BL est quadruple du carré EM, les 16 petits carrés égaux compris dans le carré EM, et les 64 compris dans le carré BL, font voir que le carré BL est quadruple du carré EM, 16 étant le quart de 64.

67. Si trois triangles ont leurs bases proportionnelles, et que le premier et le troisième soient de même hauteur, le deuxième sera égal au dernier, s'il est semblable au premier; mais au contraire, s'il est semblable au dernier, il sera égal au premier (*fig.* 92).

Démonstration. Supposé les trois bases proportionnelles ABCD, et les triangles ABE, CDG de même hauteur : je dis 1° que le triangle F, construit sur la moyenne, est égal au triangle G, parce qu'il est semblable au triangle E. Puisque les triangles ABE, BCF, sont semblables, ils sont en raison double de leurs bases; c'est-à-dire, qu'il y a même raison du triangle ABE, au triangle BCF, que de la base AB à la base CD (49). Ainsi le triangle ABE a même raison avec le triangle BCF, qu'avec le triangle CDG : donc (6) les triangles BCF, CDG sont égaux. 2° Je prouve que le triangle F (fig. 93) qui est semblable au triangle G est égal au triangle E. Le triangle CDG est à son semblable BCF, comme la base CD, à la troisième proportionnelle AB : et comme CD à AB, le triangle CDG au triangle ABE (47), donc le triangle G a même raison avec le triangle F, qu'avec le triangle E : donc les triangles ABE, BCF, sont égaux.

68. Les polygones semblables se divisent en des triangles semblables (*fig.* 94).

Démonstration. Que les polygones BE, GK soient semblables, je dis que les triangles de l'un sont semblables aux triangles de l'autre. Les polygones étant semblables les angles B, G, sont égaux, et AB, est à BC, comme FG à GH ; donc les triangles ABC, FGH sont semblables (58), et AC est à CB comme FH à GH ; de plus, comme BC à CD, GH à HI : donc par égalité, comme AC à CD, FH à HI et les triangles égaux BCA, GHF étant soustraits des égaux BCD, GHI, les angles ACD, FHI, restent égaux. Donc les triangles ACD, FHI sont encore semblables (58), et par conséquent, comme AD à DC, FI à IH ; mais comme CD à DE, HI à IK : donc par égalité, comme AD à DE, FI à IK, et les angles ADE, FIK étant égaux, puisqu'ils restent des égaux CDE, HIK, d'où sont soustraits les égaux ADC, FIH, les triangles ADE, FIK sont aussi semblables.

69. **Les polygones semblables sont en raison double, ou, ce qui est la même chose, ils sont entr'eux comme les carrés de leurs côtés homologues** (*fig.* 95).

DÉMONSTRATION. Les polygones ABCDE, FGHIK sont semblables, il faut donc prouver qu'ils sont en raison double de leurs côtés homologues, par exemple, de leurs bases CD, HI. Que la ligne L soit à IF comme à DA, les triangles O, R, sont semblables aux triangles P, S. Les triangles R, S, étant semblables, ils sont en raison double de leurs côtés homologues, c'est-à-dire, que le triangle R est au triangle S, comme son côté AD est à la troisième proportionnelle L (66). Il y a donc même raison du triangle R au triangle S, que du triangle O au triangle P ; les deux triangles O, R, c'est-à-dire, le quadrilatère ACDE est aux triangles P, S, c'est-à-dire, au quadrilatère FHIK (11).

La même démonstration se fera des quadrilatères ABCD, FGHI ; et enfin (11), on conclura que les polygones BE, GK, sont entre eux comme les triangles O, P, qui étant en raison double de leurs bases CD, HI, les polygones BE, GK, sont aussi en raison double des mêmes bases. De plus les carrés DT, IV sont entre eux comme les triangles O, P (66) : donc les polygones BE, GK, qui sont entre eux comme ces triangles, sont entre eux comme les carrés.

70. **Les parties d'un polygone sont entr'elles comme les parties d'un autre polygone semblable** (*fig.* 96).

DÉMONSTRATION. Les polygones BO, DP, sont semblables, je dis donc que les triangles G, H, I, sont entre eux comme sont les triangles du deuxième L, M, N. Puisque les polygones sont semblables, leurs triangles sont aussi semblables. Ainsi les triangles G, L sont en raison double des mêmes côtés AE, CF (66). Les triangles H, M sont aussi en même raison double des mêmes côtés AE, CF : donc il y a même raison du triangle G au triangle L, que du triangle H au triangle M ; et (par échange) le triangle G est au triangle H, comme le triangle L au triangle M. Par la même raison le triangle H est au triangle I, comme le triangle M au triangle N. De plus (par égalité) G est à I, comme L à N : (et en composant) comme le triangle G est au quadrilatère HI, le triangle L est au quadrilatère MN.

71. Si on décrit les polygones semblables sur les côtés d'un triangle rectangle, le plus grand, c'est-à-dire, celui qui aura pour base le côté opposé à l'angle droit, sera égal aux deux autres (*fig.* 97).

DÉMONSTRATION. L'angle C du triangle ABC est droit, ainsi j'ai à prouver que le polygone F est égal aux deux polygones D, E, qui lui sont semblables. Les polygones semblables D, E, F, sont entre eux comme les carrés de leurs bases ou côtés homologues, AB, BC, CA (69), le plus grand carré G est égal aux deux petits H, I (45) : donc le plus grand polygone F est égal aux deux petits D, E (*fig.* 98).

72. Un ligne droite touche un cercle et ne le coupe pas si elle est perpendiculaire à l'extrémité du diamètre (*fig.* 99).

DÉMONSTRATION. La droite AB étant perpendiculaire à l'extrémité du diamètre AO, il est évident qu'elle touche le cercle, mais qu'elle ne le coupe pas, même étant continuée vers E ; c'est ce qu'il faut faire voir : et pour cela qu'on prenne dans cette ligne AB, un point comme on voudra, par exemple, le point D, et qu'on tire au centre la ligne CD. Puisque l'angle BAC est droit, l'angle ADC sera aigu (32), et la ligne CD opposée à l'angle droit, sera plus grande que le rayon AC, opposé à l'angle aigu (33) : donc le point D a été pris hors le cercle (1). Or la même démonstration se fera de tous les autres points de la touchante BE, si près que l'on puisse prendre du point A : donc la droite BE n'entre pas dans le cercle. De plus il s'ensuit que.

73. Le cercle n'est touché d'une ligne droite qu'à

un seul point, et la perpendiculaire tirée de ce point passe par le centre du cercle.

74. Le rayon divise la circonférence du cercle en six parties égales, chacune de soixante degrés (*fig.* 100).

Démonstration. Que la ligne AC soit tirée égale au rayon BC, je dis que l'arc AC sera la sixième partie de la circonférence du cercle : c'est-à-dire, qu'il sera de 60 degrés, sixième partie de 360. Supposé le rayon AB : le triangle ABC est équilatéral, et ses trois angles, qui pris ensemble, valent 180 degrés (29), sont chacun de 60 : donc l'arc AC qui est la mesure de l'angle B, est de 60 degrés.

75. L'angle du centre est double d'un angle de la circonférence qui a le même arc pour base (*fig.* 101).

Démonstration. 1° Dans le cercle S, l'angle du centre CAD, et l'angle CBD de la circonférence ont un même arc CD pour base : j'ai donc à prouver que le premier est double du deuxième. Les droites AB, AC, sont égales : ainsi le triangle ABC est isocèle, et les angles B, C, sont égaux (25). L'angle A est égal aux deux B et C (27); donc il est double du seul B. 2° Dans le cercle T, l'angle CAE est encore double de l'angle CBE, car supposé les lignes BAD, traversant le centre A, l'angle CAD, est double de CBD, et DAE, l'est de l'angle DBE, par le cas précédent. Enfin l'angle du centre FGH (fig. 102) est aussi double de l'angle FIH, qui est à la circonférence; car supposé la ligne IGN, l'angle NGH sera double de l'angle NIH ; et l'angle NGF le sera de l'angle NIF (par le premier cas.) Si donc vous ôtez l'angle NGF de l'angle NGH, et l'angle NIF de l'angle NIH, restera l'angle FGH double de l'angle FIH.

76. Les angles qui sont dans un même segment de cercle, ou dans des segmens égaux, ou semblables, sont égaux.

Démonstration. Les angles ABD, AEB, (fig. 103) compris dans le même segment ACB, sont chacun moitié de l'angle du centre AFB (précédente), donc ils sont égaux. (6) Et la même chose est évidente à l'égard des angles qui sont dans des segmens égaux. Mais supposé les deux cercles concentriques IKM, NOP, (fig. 104) les arcs N, O, I, K, étant compris dans l'angle commun IRK, le premier est à son cercle, ce que le deuxième est au sien (13) : ainsi les segmens décrits sur les deux cordes IK, NO sont semblables quoique inégaux. Or, que les angles qui sont dans le grand segment IMK, comme ceux qui sont dans le petit NPO, soient égaux, il est évident (6); puisque chacun de ces angles est moitié de l'angle R qui est au centre.

77. L'angle inscrit dans le demi-cercle est droit (*fig.* 105); l'angle ACB est dans un demi-cercle, je dis donc qu'il est droit, et je le prouve. Que la ligne DE soit abaissée perpendiculairement du centre D, les angles aux points D seront droits. L'angle droit ADE est double de l'angle ABC; l'angle droit BDE est aussi double de l'angle BCE (75) : donc les angles ACE, BCE sont chacun demi-droits, et l'angle ACB, qui en est composé, est droit.

78. Un quadrilatère inscrit dans un cercle a ses angles opposés égaux à deux droits. (*fig.* 106).

DÉMONSTRATION. Que les angles opposés BAD, BCD du quadrilatère AB, CD soient égaux à deux droits; voici comme on le démontre. Suppose les lignes droites AC, BD, l'angle P est égal à l'angle O; et l'angle S, l'est à l'angle R (76). L'angle BAD, vaut deux angles droits avec les angles O, R, (29); donc il vaut deux angles droits avec leurs égaux S, P, ou le seul BCD.

79. La tangente et la sécante font, au point de l'attouchement, des angles égaux à ceux des segmens alternes (*fig.* 107).

DÉMONSTRATION. 1° Que la ligne GB touche le cercle au point A, on prouve que l'angle BAC, fait de la tangente AB, et la sécante AC, est égal à l'angle du segment alterne AHC. Suppose le diamètre AD, il sera perpendiculaire à la tangente AB (73). L'angle ACD est droit (71); et l'angle DAC qui avec l'angle D, vaut un droit (29), vaut aussi un droit avec l'angle BAC, puisque AD est perpendiculaire sur AB : donc l'angle BAC est égal à l'angle D (7), et par conséquent à l'angle H qui est égal à l'angle D (76). 2° Je prouve que l'angle GAC est aussi égal à l'angle du segment alterne AEC (fig. 108). L'Angle D, avec l'angle E vaut deux angles droits (78), de même que l'angle BAC avec l'angle CAG (18). Les angles ADC, BAC, sont égaux, nous venons de le prouver : donc les angles GAC, AEC le sont aussi.

80. Les arcs égaux ont des cordes égales (*fig.* 109).

DÉMONSTRATION. Les arcs BC, CD, sont supposés égaux, je dis donc que leurs cordes qui sont les droites BC, CD, sont égales. Soient tirés du centre A les rayons AB, AC, AD. Puisque les arcs CB, CD, sont égaux, les angles E, F, faits au centre du cercle sont égaux (14); les rayons AB, AC, AD sont aussi égaux : donc les triangles ABC, ACD ont les côtés égaux (22 et 24), et les cordes BC, CD, sont égales, ce qui est à prouver.

81. Le rayon qui coupe une corde en deux également, coupe l'arc de même (*fig.* 110).

DÉMONSTRATION. Si le point E étant le centre de l'arc ADB, le rayon DE coupe la corde AB en deux parties égales; je dis qu'il coupe aussi l'arc en deux également en D, et je le fais voir. Supposé les rayons AE, BE : les côtés du triangle ACE, sont égaux aux côtés du triangle BCE, les triangles ACE, BCE, sont donc semblables (23), et ont les angles CH égaux (24) : donc les arcs AD, BD, qui sont leur mesure, sont égaux. Il s'ensuit aussi que :

82. La ligne qui coupe en deux également l'arc et sa corde, est un rayon du cercle.

83. La perpendiculaire qui coupe une corde en deux également passe par le centre de l'arc (*fig.* 111).

DÉMONSTRATION. Si la perpendiculaire CE coupe la corde AB en deux parties égales : je dis qu'elle passe par le centre de l'arc AB. Tirez les droites AD, BD, les lignes AC, CB étant égales, CD commune, les angles au point C, droits ; les triangles ACD, BCD, sont égaux et semblables (22) : ainsi les cordes AD, BD, sont égales, et ont leurs arcs égaux (80) : donc l'arc ADB est coupé en deux parties égales, de même que sa corde AB, et la perpendiculaire DE passent par le centre de l'arc (82).

84. Si deux cercles égaux se croisent, la ligne droite, menée par les points communs de leurs circonférences, coupera en deux également, et par des angles droits, la droite menée d'un centre à l'autre (*fig.* 112).

DÉMONSTRATION. Que les points AB soient les centres des cercles égaux H, I : je prouve que la droite CD coupe la droite AB en deux parties égales et à angles égaux : les triangles ACD, BCD, ont les côtés AC, AD, BC, BD, égaux, et CD communs : donc ils sont semblables (23), et leurs angles ACD, BCD, sont égaux (24). De plus les rayons AC, CB, étant égaux, et la ligne CE commune aux angles égaux ACE, BCE : les triangles ACE, BCE, sont aussi égaux en toutes leurs parties (22) : donc AE, EB sont égales, et les angles en E sont égaux (24) et droits.

CHAPITRE III.

DES LIGNES, DES ANGLES, DES FIGURES ET DE LEUR DIVISION.

PROPOSITION Ire. Couper une ligne droite en deux parties égales.

Soit la ligne AB à partager.

Des points A et B (*fig.* 113) comme de deux centres et d'une même ouverture de compas, plus grande que la moitié de la ligne, décrivez des arcs qui se coupent. Par leurs points d'intersection G, H, menez une ligne droite, elle coupera la ligne donnée en deux parties égales; et de même pour la partager en 4, 8, 16, 32..... parties égales que l'on voudra (84 du II).

PROPOSITION II. Couper un arc en deux également.

Soit l'arc AOB (*fig.* 114) à couper en deux parties égales.

Des points A et B, et d'une même ouverture de compas, décrivez deux arcs qui se coupent, et par leurs points d'intersection G, H, menez la droite GH, elle coupera l'arc proposé en deux également en O.

DÉMONSTRATION. Que la droite GH coupe l'arc AB en deux également, en O : je le prouve. Tirez les droites AG, BG, BH, AH, AO, BO. Les triangles GAH, GBH, ont le côté GH commun, et les côtés AG, BG; AH, BH, égaux; ainsi ces deux triangles sont semblables, leurs angles au point G sont égaux. Or les lignes AG,

BG, étant égales, les angles AGO, BGO, sont aussi égaux et semblables; donc les cordes AO, BO, sont égales (80 du II), et les arcs AO, BO, sont égaux : ce qui était à prouver.

Proposition III. Partager un angle rectiligne en deux également.

Soit l'angle BAC (*fig.* 115).

Du point A, pris comme centre, décrivez à volonté l'arc DE. Des points D et E, et d'une ouverture de compas arbitraire, décrivez les petits arcs qui se coupent en O. Menez la ligne AO, elle coupera l'angle en deux également. Tirez les lignes DO, EO.

Démonstration. Les lignes AD, AE, sont égales : DO, EO, le sont aussi; AO est commune aux deux triangles ADO, AEO (23 du II) : ces triangles sont semblables (24 du II) : leurs angles au point A, opposés au côté DO, EO, sont égaux: donc l'angle BAC est coupé en deux également. Si l'on ne peut atteindre le sommet de l'angle, il faut tirer une ligne quelconque EF, partager en deux parties égales les triangles dont les sommets sont en F et en E : la droite qui passe par les points d'intersection G et H des lignes de division, partage l'angle en deux parties égales (fig. 116).

Proposition IV. D'un point donné dans une ligne droite, élever une perpendiculaire.

Soit AB sur laquelle on veut élever la perpendiculaire au point C (*fig.* 117).

Posez une des pointes du compas en C, et de l'autre, coupez, comme il vous plaira, les parties égales CD, CE. Des points D, E, faites la section F, je veux dire, de ces points D, E, comme de deux centres, et d'une même ouverture de compas, décrivez les arcs qui se coupent en F. Menez CF; elle sera perpendiculaire sur AB. Tirez DF, EF.

Démonstration. Les lignes CD, CE, sont égales, DF, EF, le sont aussi; CF est commun : donc (23 du II), les triangles CDF, CEF, sont semblables, et ont les angles au point C égaux et droits: donc la ligne CF est perpendiculaire.

PROPOSITION V. Élever une perpendiculaire à l'extrémité d'une ligne.

Soit la ligne GH, à l'extrémité G de laquelle on veut élever une perpendiculaire (*fig.* 118).

Marquez à volonté un point Q au-dessus de GH, de ce point et de l'intervalle QG, faites le demi-cercle IGL. Menez LQI; puis GI sera perpendiculaire.

DÉMONSTRATION. L'angle IGL est décrit dans le demi-cercle IGL, donc il est droit. (77 du II.)

PROPOSITION VI. Abaisser une perpendiculaire sur une ligne droite.

Soit AB, sur laquelle on veut abaisser une perpendiculaire du point C (*fig.* 119).

Mettez une des pointes du compas au point C, et de l'autre décrivez un arc qui coupe la ligne AB, par exemple, en D, E. De ces points D, E, faites la section F. Menez CO perpendiculaire vers le point F.

DÉMONSTRATION. Supposé les lignes CD, CE, DF, EF, OF, les triangles CDF, CEF, sont équiangles, et les angles du point C sont égaux. De plus, les triangles OCD, OCE, sont aussi équiangles étant semblables : car les lignes CD, CE, sont égales : CO est commune, et les angles au point C sont égaux. Donc les angles COD, COE, sont égaux et droits, et la ligne CO est perpendiculaire sur AB.

PROPOSITION VII. Sur un angle rectiligne élever une ligne droite qui fasse des angles égaux de part et d'autre.

Soit l'angle A (*fig.* 120).

Du point A, décrivez comme il vous plaira l'arc BC. Des

points B, C, faites la section D. Tirez la ligne demandée AD.

Démonstration. Les triangles ACD, ABD, sont équiangles ; donc les angles CAD, BAD, sont égaux (23 du II).

Proposition VIII. Par un point donné mener une ligne parallèle à une autre.

Soit la ligne BC, sur laquelle on veut mener une parallèle par le point A (*fig.* 121).

Du point A, prenez avec le compas la distance AE, en décrivant un arc qui rase la ligne BC. De la même ouverture de compas et d'un autre point, comme H, pris à volonté sur la ligne BC, décrivez l'arc LI. Menez la ligne demandée DF de manière que, passant par le point proposé A, elle touche l'arc IL sans le couper.

Démonstration. Que la ligne DF soit parallèle à la ligne BC, ceci est évident (1e du II).

Proposition IX. Faire un angle égal à un autre, ou de la manière de le copier (*fig.* 122).

Soit la ligne AB sur laquelle on veut faire un angle égal à l'angle CDE, du point A.

De l'angle D, décrivez, d'une ouverture arbitraire de compas, l'arc FG. De la même ouverture de compas et du point A, décrivez aussi l'arc NM. Coupez l'arc NO égal à l'arc FG. Menez AO, et l'angle BAO sera égal à l'angle CDE (14 du II).

Proposition X. Trouver la valeur d'un angle par le moyen d'un rapporteur ou demi-cercle.

Soit l'angle ABC à mesurer (*fig.* 123).

Appliquez sur AB la ligne du rapporteur en sorte que le centre du demi-cercle se trouve précisément sur la pointe de l'angle B, et le nombre de degrés qui se trouveront compris dans l'arc DE sera la valeur de l'angle ABC.

Proposition XI. Faire un angle de tel nombre de degrés qu'on voudra.

Soit la ligne AB et du point B sur laquelle on veut faire un angle de 5o degrés (*fig.* 123).

Appliquez le rapporteur comme je viens de le dire dans la proposition précédente, et à 5o degrés, à compter du point D; marquez le point E, puis menez BE, qui sera l'angle demandé ABC.

Proposition XII. Partager un angle en parties impaires.

Soit à partager l'angle ABC en 5 parties égales (*fig.* 124).

Je prolonge un côté AB jusqu'en D; ensuite, du sommet A de l'angle comme centre et d'un rayon arbitraire, je décris une demi-circonférence DE, et de ces points comme centre, et d'une longueur égale à leur distance, je décris un point d'intersection F, ce qui forme un triangle équilatéral. Du sommet F au point de rencontre O, je tire une ligne OF qui coupe le côté AB de l'angle au point I, puis je divise la partie IE en autant de parties égales que je veux diviser l'angle; et des points de division 1, 2, 3, 4, au sommet F du triangle, je tire les lignes FG, FH, FL, FM, et de ces points GHLM qui se trouvent sur OE, je tire des lignes au sommet A de l'angle qui se trouve divisé en 5 parties égales demandées.

Proposition XIII. Décrire une ligne spirale sur une ligne droite donnée (*fig.* 125).

Soit IL la ligne sur laquelle on veut décrire une spirale.

Divisez la moitié de la ligne IL en autant de parties égales que vous voulez décrire de révolutions; par exemple, si vous voulez en décrire 4, divisez la moitié de la ligne BI en 4 parties égales B, C, E, G, I. Coupez aussi BC en deux également en A; de ce point A décrivez les demi-cercles BC, DE, FG, HI. Du point B décrivez les demi-cercles CD, EF, GH, IL, et vous aurez la spirale demandée.

Proposition XIV. Tracer la volute ionique sur une ligne donnée (cathète) (*fig.* 126).

Après avoir tiré à un module de distance de l'axe de la colonne une ligne verticale appelée cathète, qui passera par l'œil de la volute ; après avoir encore, à partir du dessous du tailloir, pris sur cette ligne 21 1/3 parties du module, hauteur totale de la volute, on prendra 12 de ces parties, en allant toujours dans le même sens, et l'on aura le centre de l'œil, dont le diamètre doit être de 2 1/2 parties ; on inscrira ensuite, dans le cercle de cet œil, un carré dont deux des angles se trouveront au point d'intersection de la cathète avec ce cercle ; et après avoir divisé en 6 parties chacune des deux lignes *bc*, *cd*, qui se coupent à angles droits au centre du cercle, et sont perpendiculaires aux côtés du carré inscrit, on aura les points 1, 2, 3, 4, 5, 6, 7, 8, 9, 10, 11, 12, lesquels serviront successivement de centre pour tracer le contour de la volute.

Mais avant de procéder à cette opération, on mènera par le point 1, une parallèle à la cathète, et avec un rayon égal à 1A, hauteur de la volute, on décrira un arc qui ira rencontrer en 8 le prolongement de la ligne qui passe par les points 1 et 2 ; du point 2 pris pour centre, avec un rayon égal à 2B, on décrira un second arc, jusqu'à ce qu'il rencontre en C le prolongement de la ligne qui passe par les points 2 et 3 du point 6 ; et successivement des points 4, 5, 6, 7, 8... et 12 pris pour centres, on décrira de nouveaux arcs de cercle, qui auront pour rayon la distance de l'extrémité de l'arc précédent au centre de celui qui le suit ; toutefois on fera en sorte que le centre des deux arcs consécutifs et l'extrémité du dernier arc, soient sur une même ligne. Au surplus, la seule inspection de la figure suffit pour faire effectuer cette opération avec certitude.

Proposition XV. Sur une ligne droite donnée décrire tel polygone qu'on voudra depuis l'exagone jusqu'au dodécagone.

Soit AB, la ligne sur laquelle on veut construire ou un eptagone ou un octogone. (*fig.* 127.)

Coupez la ligne AB en deux également en O, élevez la perpendiculaire OI; du point B, décrivez AC; divisez AC en 6 parties égales M, N, P, Q, R; et si vous voulez faire un eptagone, du point C et de l'intervalle d'une partie CM, décrivez l'arc MD; D sera le centre pour décrire un cercle capable de contenir 7 fois la ligne. Si c'est un octogone du point C et de l'intervalle de deux parties CN, décrivez l'arc NE; E sera le centre pour décrire un cercle capable de contenir 8 fois la ligne A B. Si c'est un enneagone il faut prendre 3 parties, et ainsi des autres en augmentant d'une partie.

Proposition XVI. Sur une ligne droite donnée construire tel polygone qu'on voudra depuis 12 jusqu'à 24 côtés. (*fig.* 128.)

Soit AB la ligne sur laquelle on veut construire un polygone.

Divisez l'arc AC en douze parties égales. Du point C, prenez autant de parties sur CA qu'il en faut au-dessus de 12, pour avoir autant de parties que l'on demande de côtés. Ainsi, si l'on veut une figure de 15 côtés, du point C et de l'intervalle de trois parties CE, décrivez l'arc EO. AC de 12 et CO de 3 feront 15; du point O et de l'intervalle OB, décrivez l'arc BF; du point F et de l'intervalle FA, décrivez une circonférence, elle contiendra 15 fois la ligne AB. Ainsi des autres.

PROPOSITION XVII. Dans un cercle donné inscrire tel polygone que l'on voudra.

Soit BAC un cercle dans lequel on veut inscrire un eptagone. (*fig* 129.)

Tirez le diamètre AB, décrivez le cercle ABF, capable de contenir 7 fois AB, comme si vous vouliez construire sur AB, un polygone semblable à celui que vous devez inscrire dans le cercle donné ABC ; tirez le diamètre DE, parallèle au diamètre AB, tirez les lignes droites DAG, EBH, par les extrémités DA, EB, GH, divisera le cercle donné ABC en 7 parties égales. Ainsi de tous les autres polygones.

PROPOSITION XVIII. Décrire un triangle équilatéral sur une base donnée.

Soit la base AB. (*fig.* 130.)

Des points A et B, décrivez les arcs AC, BC. Menez les droites AC, BC, et vous aurez le triangle demandé (1er du II) : de même pour toutes sortes de triangles.

PROPOSITION XIX. Construire un carré sur une base donnée.

Soit la ligne AB. (*fig.* 131.)

Elevez la perpendiculaire AC (5) et la coupez égale à AB. Des points B et C, et de l'intervalle AB, faites la section D ; menez les lignes CD, BD, et vous aurez un carré.

DÉMONSTRATION. Les 4 côtés ont été coupés égaux et ils sont parallèles (39e du II). L'angle A est droit, et son opposé D l'est aussi (38e du II), de même les angles B et C sont égaux et droits. Les 4 angles A, B, C, D, valent 4 angles droits : donc CB est un carré parfait.

PROPOSITION XX. Inscrire un triangle équilatéral dans un cercle.

Soit le cercle AF. (*fig.* 132.)

Du point A pris à volonté dans la circonférence, et de l'intervalle du rayon AB, décrivez l'arc CBD. Menez la droite CD, elle sera la base du triangle demandé.

DÉMONSTRATION. L'arc AC est la sixième partie de la circonférence (74 du II), et le double CAD en est le tiers.

PROPOSITION XXI. Inscrire un exagone régulier. (*fig.* 133.)

Prenez le demi diamètre AB, il divisera la circonférence du cercle en 6 parties égales. (74 du II.)

PROPOSITION XXII. Inscrire un carré. (*fig.* 134.)

Tirez par le centre O le diamètre BD.

Des points B, D, décrivez deux arcs FG, EH, qui se coupent. Par leurs coupes ou sections, menez la droite AC, qui passera par le centre O, en faisant 4 angles droits avec le diamètre BD (84 du II). Décrivez le carré ABCD, il aura les quatre côtés égaux et les quatre angles droits.

DÉMONSTRATION. Les arcs AB, BC, CD, DA, sont égaux (14 du II), ainsi (80 du II) le carré a ses 4 côtés égaux ; et ses 4 angles sont droits (77 du II).

PROPOSITION XXIII. Inscrire un octogone régulier. (*fig.* 135.)

Tirez les diamètres AB, CD, coupant le cercle en 4 parties égales, coupez chaque quart de cercle en deux également, tirez les côtés de l'octogone AEC....

DÉMONSTRATION. L'égalité des côtés est évidente (80e du II), et celle des angles (76 du II).

PROPOSITION XXIV. Inscrire tel polygone régulier qu'on voudra, par le moyen d'un rapporteur. (*fig.* 136.)

Soit un pentagone à inscrire dans le cercle ABC.

Divisez le nombre des degrés du cercle entier par le nombre des côtés du polygone, c'est-à-dire, divisez 360 par 5, et le quotient 72 sera l'angle du centre ABC, que vous ferez pour avoir un arc dont la corde AC soit un des côtés du pentagone demandé.

PROPOSITION XXV. Construire un exagone régulier sur une base donnée.

Soit la base AB. (*fig.* 137.)

Des points A, B, décrivez les arcs BC, AC. Du point C, faites le cercle ABF, il contiendra 6 fois AB. (74 du II.)

PROPOSITION XXVI. Décrire un dodécagone régulier dont un des côtés est proposé.

Soit la droite AB proposée. (*fig.* 138.)

Du milieu de AB, élevez la perpendiculaire CD (4); du point B, décrivez l'arc AE, et du point E l'arc AD. Le point D sera le centre du dodécagone.

DÉMONSTRATION. L'angl ADB est moitié de l'angle AEB (75 du II), AEB est l'angle du centre d'un exagone, donc l'angle ADB est l'angle du centre d'un décagone : car l'angle AEB étant de 60 degrés, l'angle ADB est de 30 : et douze fois 30 font 360, valeur de toute la circonférence du cercle.

PROPOSITION XXVII. Sur une base donnée décrire un octogone.

Soit sur la base AB. (*fig.* 139.)

Coupez AB en deux au point C (1er). Élevez la perpendiculaire CE (4). Du point C, décrivez le demi-cercle

ADB, du point D, décrivez le cercle AEB, et du point E, le cercle demandé qui contiendra 8 fois AB.

Démonstration. L'angle ADB est droit (77ᵉ du II), et l'angle AEB est demi droit (75 du II). L'angle droit vaut 90 degrés (18ᵉ du II) : et le demi droit 45, qui est la valeur de l'angle au centre d'un octogone, 8 fois 45 faisant 360.

Proposition XXVIII. *Sur une base donnée décrire tel polygone régulier qu'on voudra.*

Soit la base AB, sur laquelle on veut faire un pentagone régulier. (*fig.* 140.)

Divisez 360 par le nombre des côtés du polygone à faire, c'est-à-dire, par 5; et le quotient 72 sera la valeur de l'angle; au centre d'un pentagone (18), tirez ce nombre 72 de 180, restera 108 pour angle de la figure BAC, que vous ferez par la XI. Coupez cet angle BAC en deux, par la ligne AE (prop. 3.) Faites l'angle ABE, égal à l'angle BAE (prop. 9) et le point E sera le point du cercle dans lequel vous ferez le pentagone demandé.

Démonstration. Les angles F, G, sont faits égaux, donc (26ᵉ du II) les lignes AE, BE, sont égales, et le cercle décrit du point E, et de l'intervalle EA, passe par le point B: Cela connu, je n'ai qu'à faire voir comme l'angle AEB est de 72 degrés. L'angle G, qui est égal à l'angle F, est aussi égal à l'angle H : les deux angles H, F, ou le seul CAB a été fait de 108 degrés; ainsi les deux F, G, valent 108 degrés, qui, soustraits de 180 que valent tous les trois angles du triangle ABE (29 du II), reste 72 pour l'angle AEB.

Proposition XXIX. *Inscrire un eptagone dans un cercle.*

Soit le cercle BDE (*fig.* 141).

Menez le rayon AB, et du point B, décrivez l'arc DAE. Tirez la droite DE, et sa moitié CD, ou son égale DF, fera à peu près la longueur d'un des côtés de l'eptagone.

Proposition XXX. *Inscrire un ennéagone.*

Menez le rayon AB (*fig.* 142). De l'extrémité B, et de l'intervalle BA, décrivez l'arc DAC. Tirez la droite CD et la prolongez vers F. Coupez EF, égal à AB. Du point E, décrivez l'arc FG, et du point F, l'arc EG. Menez AG, et l'arc DH fera à peu près la 9e partie de la circonférence du cercle.

Proposition XXXI. *Sur une base donnée décrire un ennégone régulier.*

Soit sur la ligne AB (*fig.* 143).

Coupez AB, en deux également au point C. Elevez la perpendiculaire CF. Du point B, décrivez l'arc AD. Coupez l'arc AD en deux parties égales en E. Du point D décrivez l'arc EF; et le point F sera à peu près le centre de l'ennéagone.

Proposition XXXII. *Décrire un triangle semblable à un autre.*

Soit le triangle ABC à copier (*fig.* 144).

Tirez DE, égale à la base AB. Du point D et de l'intervalle AC, décrivez l'arc LM. Du point E, et de l'intervalle BC, décrivez l'arc GH. De la section F, menez les lignes DF, EF, et vous aurez un angle semblable à ABC (23e du II).

Proposition XXXIII. *Décrire sur une base donnée un triangle semblable à un autre.*

Soit la ligne AB, sur laquelle on veut faire un triangle semblable au triangle CDE (*fig.* 145).

Faites l'angle A égal à l'angle C, et l'angle B, égal à

l'angle D (9ᵉ). Le troisième F sera égal au troisième E (31ᵉ du II) et (55 du II), les deux triangles seront semblables.

PROPOSITION XXXIV. *Décrire une figure rectiligne égale et semblable à une autre.*

Soit la figure O à copier (*fig.* 146).

Tirez EF , égale à la base AB. Faites le triangle EFH, semblable au triangle ABD (26). Faites de même le triangle EFG, semblable au triangle ABC, et tirez GH. Enfin, faites le triangle EFL semblable au triangle ABI, et ayant tiré GL, la figure S sera égale et semblable à la figure O.

DÉMONSTRATION. Les triangles EFH, EFG, sont faits égaux et semblables aux triangles ABD, ABC : ainsi ôtant des angles égaux DAB, HEF, les égaux BAC, FEG ; les angles DAC, HEG, restent égaux ; et puisque les côtés AD, AC, sont égaux aux côtés EH, EG, les triangles ADC, EHG, sont aussi égaux et semblables (22ᵉ du II.) Par la même raison, les triangles ACI, BIC, sont égaux et semblables aux triangles EGL, FLG. Donc les figures O et S sont égales et semblables. (68ᵉ du II.)

PROPOSITION XXXV. *Décrire sur une base donnée une figure égale à une autre.*

Soit AB sur laquelle on veut faire une figure semblable à la figure M I (*fig.* 147).

Menez la diagonale CE, et faites sur la base A B le triangle L semblable au triangle M (27ᵉ). Faites aussi sur BG, le triangle L, semblable au triangle I, et le quadrilatère LN, sera semblable au quadrilatère MI (68ᵉ du II).

Proposition XXXVI. *Construire une figure semblable à une autre par le moyen d'une échelle.*

Soit l'échelle O, avec laquelle on veut faire une figure semblable à la figure FG, qui a été mesurée par l'échelle P (*fig.* 148).

La base FG contient 9 parties de son échelle P. Prenez aussi 9 parties de l'échelle O, et les donnez à la base AB, ainsi du reste (28).

Proposition XXXVII. *Trouver le centre d'un cercle.*

Soit le cercle ABC dont on veut trouver le centre (*fig.* 149).

Tirez comme il vous plaira la droite AB et la coupez en deux également par la perpendiculaire CE (1) coupez CE aussi en deux parties égales, et le milieu O, sera le centre du cercle.

Démonstration. La perpendiculaire CE passe par le centre du cercle (83ᵉ du II) et le centre ne peut être ailleurs qu'au point O, milieu de cette ligne.

Proposition XXXVIII. *Achever un cercle commencé dont on n'a pas le centre* (*fig.* 150).

Soit l'arc ABC commencement d'un cercle qu'il faut achever.

Posez dans l'arc proposé, trois points comme il vous plaira, par exemple, les points A, B, C. Des points A et B, et d'une même ouverture de compas, décrivez les arcs qui se coupent en D, E, et menez la droite DE. Décrivez deux autres arcs des points B, E, C; et par leurs sections P, G, menez la droite PG. Du point I où se coupent les droites PG, DE, et de l'intervalle IA, achevez le cercle commencé.

Démonstration. Supposé les droites AB, BC, elles sont coupées chacune en deux également, et à angles droits, par les droites PI, EI, (84ᵉ du II); ces lignes PI, EI, passent chacune par le centre de l'arc ABC (83ᵉ du II). Donc le centre est au point commun I, et l'arc AHC, qui en est décrit, fait un cercle parfait ABC.

PROPOSITION XXXIX. Trouver le milieu de trois points, ou décrire un cercle par trois points qui ne soient pas dans une ligne droite.

Soient les points A, B, C, par lesquels une ligne droite ne peut être menée (*fig.* 150).

Chercher le centre de ces points par la précédente, ou ce qui est plus clair encore, des points donnés A, B, C, décrivez les trois cercles DEH, DEF, FGE, de même intervalle, s'entrecoupant aux points D et E, F et G. Tirez les lignes droites, DE, FG; jusqu'à ce qu'elles se rencontrent en I. De ce point I et de l'intervalle IA décrivez la circonférence demandée (*fig.* 151).

PROPOSITION XL. Mener une ligne droite qui touche un cercle par un point donné.

Soit le point A par lequel il faut tirer une ligne droite qui touche le cercle sans le couper (*fig.* 152).

Du centre du cercle menez DF par le point A. Elevez la perpendiculaire AE, sur DF, elle sera la touchante demandée (72 du II).

PROPOSITION LXI. Trouver le point où un cercle est touché d'une ligne droite.

Soit à chercher le point où la droite CE touche le cercle qui est dessus (*fig.* 152).

Du centre du cercle D, abaissez sur CE, la perpendiculaire DA (6): et le point A sera l'endroit touché (73 du II).

PROPOSITION XLII. Décrire sur une ligne droite un segment de cercle capable d'un angle égal à un angle donné.

Soit la droite AB, sur laquelle on veut décrire un segment de cercle qui puisse comprendre un angle égal à l'angle C (*fig.* 153).

Faites l'angle BAD, égal à l'angle C (9). Elevez sur AD la perpendiculaire AG (4 ou 5). Coupez AB en deux et du milieu H, élevez la perpendiculaire HF. Du point F décrivez l'arc AGB, et menez BG. Je dis que l'angle G, compris dans le segment ABG est égal à l'angle donné C. Tirez BF.

DÉMONSTRATION. 1° Les triangles HBF, HAF, ont le côté FH commun ; les bases BH, HA, égales, et les angles d'entre deux égaux, puisqu'ils sont droits. Donc par la (22 du II) FA, FB, sont égales ; le cercle décrit du point F, et de l'intervalle FA, passe par le point B, et le segment AGB est décrit sur AB. 2° La ligne AD touche le cercle au point A (73e du II) et (79e du II). L'angle G est égal à l'angle BAD, et par conséquent à l'angle C.

PROPOSITION XLIII. Décrire sur une ligne un polygone régulier dont l'angle du centre est donné.

Soit l'angle C, l'angle du centre d'un pentagone que l'on veuille faire sur la ligne AB. (*fig.* 154.)

Faites l'angle ABD égal à l'angle donné C (9), coupez cet angle en deux par la ligne BE (3). Elevez sur BE la perpendiculaire BF (5). Faites l'angle A égal à l'angle B. Du point F, décrivez le cercle ABG, il contiendra 5 fois la ligne AB.

DÉMONSTRATION. Pour le prouver je n'ai qu'à faire voir, que l'angle du centre AFB, est égal à l'angle C proposé. Supposé l'angle G, il est moitié de l'angle F (75e du II). L'angle ABE est aussi moitié de l'angle ABD par la construction : ces angles G et ABE sont égaux (79e du II). Donc l'angle F est égal à l'angle ABD, et par conséquent à l'angle C, auquel ABD est fait égal.

PROPOSITION XLIV. Couper d'un cercle un segment capable d'un angle égal à un angle donné.

Soit à couper au cercle E, un segment capable d'un angle égal à l'angle D. (*fig.* 155.)

Tirez le rayon AB et la perpendiculaire AF, faites l'angle FAC égal à l'angle D, et le segment AEC, sera le segment demandé.

DÉMONSTRATION. Ayant pris un point à volonté dans l'arc AEC, par exemple le point E ; si vous faites l'angle AEC, il sera égal à l'angle CAF (79ᵉ du II) et par conséquent à l'angle donné D.

PROPOSITION XLV. Inscrire dans un cercle un triangle semblable à un autre.

Soit à inscrire un triangle semblable au triangle O dans le cercle P. (*fig.* 156.)

Par un point comme A, menez la touchante GH (34), faites l'angle GAB égal à l'angle E, et l'angle HAC égal à l'angle D. Tirez la droite BC, et le triangle ABC sera semblable au triangle O.

DÉMONSTRATION. L'angle C est égal à l'angle BAG ou E, l'angle B l'est à l'angle CAH ou D (79ᵉ du II), et l'angle A l'est à l'angle F (31ᵉ du II) : donc le triangle inscrit est semblable au triangle proposé O. (55ᵉ du II.)

PROPOSITION XLVI. Inscrire un cercle dans un triangle.

Soit le triangle ABC proposé. (*fig.* 157.)

Coupez les angles ABC, ACB chacun en deux parties égales tirant les lignes BD, CD (3), de la section D, abaissez la perpendiculaire DF (6), elle sera le rayon du cercle. Tirez DG, perpendiculaire sur AB, et DE perpendiculaire sur AC.

DÉMONSTRATION. Dans les triangles BDG, BDF, les angles G, F, sont égaux, puisqu'ils sont droits : les angles H, I sont aussi égaux ; l'angle GBF étant coupé en deux également, le côté BD est commun ; donc (34ᵉ du II) ces triangles sont égaux en toutes leurs parties, et DG est égal à DF. (24ᵉ du II) Par la même raison DE est égal à DF : donc le cercle décrit du point D, et de l'intervalle DF, passe par les points G, E, et touche les trois côtés du triangle sans les couper (72 du II).

PROPOSITION XLVII. Décrire un cercle autour d'un triangle.

Soit le triangle D proposé (*fig.* 158).

Cherchez le centre des trois points A, B, C (prop. 33).

PROPOSITION XLVIII. Décrire autour d'un cercle un triangle semblable à un triangle donné.

Soit le cercle FHI autour duquel on veut faire un triangle semblable au triangle B (*fig.* 159).

Continuez la base AC de part et d'autre. Menez le rayon GF, et faites l'angle S égal à l'angle C; faites aussi l'angle G égal à l'angle A; menez, par les points F, I, H, les tangentes LM, MN, LN (prop. 34) elles feront le triangle demandé.

DÉMONSTRATION. Les angles du quadrilatère FSHN, sont égaux à quatre droits (35 du II), les angles SFN, SHN, sont faits droits : donc les opposés S, N, pris ensemble, valent deux droits. Les angles P, C, sont aussi égaux à deux droits (18 du II), et l'angle S est égal à l'angle C : donc l'angle N est égal à l'angle P. Par la même raison, l'angle L est égal à l'angle O, et l'angle M l'est à l'angle E (31 du II) : donc (55 du II) le triangle LMN est semblable au triangle B. (L'angle seul se désigne par la lettre de son sommet.)

PROPOSITION XLIX. Autour d'un cercle circonscrire un carré.

Soit le cercle ABC (*fig.* 160).

Tirez les diamètres AB, CD, se coupant à angles droits. Par les points A, B, C, D, menez HE, GF, EF, GH, parallèles aux diamètres AB, CD (8), et vous aurez le carré demandé, ayant ses côtés égaux, ses angles droits, et touchant de ses quatre côtés le cercle donné sans le couper en aucun endroit.

DÉMONSTRATION. Les côtés EH, GF, sont égaux au diamètre AB: EF, GH, le sont au diamètre CD (38 du II), les diamètres sont égaux : donc les quatre côtés du carré sont égaux. Les angles au centre I sont droits, et leurs opposés E, F, G, H, le sont aussi (38 du II) L'angle HDI est droit, comme son alterne I (20 du II) : donc EH touche le cercle sans le couper (72 du II). La même démonstration se fera des autres côtés.

PROPOSITION L. *Autour d'un cercle circonscrire un polygone régulier.*

Soit le cercle ABD autour duquel on propose de faire un pentagone régulier (*fig.* 161).

Décrivez dans le cercle un pentagone ACD (18). Coupez AB en deux, tirant le rayon FP; menez AP perpendiculaire sur AF (5). Décrivez le cercle POS, et continuez PA jusqu'en G; la droite PG sera un des côtés du pentagone demandé.

DÉMONSTRATION. Les triangles NAF, NBF, ont leurs côtés égaux, ainsi ils sont semblables (23 du II), et leurs angles L, M, sont égaux (24 du II). Dans les triangles AFP, AFG, les angles au point A sont droits, le côté AF est commun, et les côtés FP, FG, sont coupés égaux : donc AP, AG, le sont aussi (22 du II), et l'angle K est égal à l'angle M, et par conséquent à l'angle L. Les trois angles au centre F, étant égaux, l'angle PFG, composé de deux, est égal à l'angle BFA, aussi composé de deux, et l'arc PG est la cinquième partie de son cercle, comme l'arc AB est la cinquième partie du sien (13 du II) : le reste est évident.

PROPOSITION LI. *Diviser une ligne droite en autant de parties égales que l'on voudra* (*fig.* 162).

Soit la ligne AB à diviser en trois parties égales.

Du point A, décrivez l'arc BC de telle grandeur qu'il vous plaira; du point B, décrivez aussi l'arc AD, et le coupez égal à l'arc BC. Du point A et de la première ouverture de compas, portez sur AC trois parties égales A*efg*. De la même ouverture de compas et du point B, portez aussi sur

BD les trois parties B*hjo*; menez les lignes *fh, ej*, elles diviseront AB comme il est demandé.

DÉMONSTRATION. Nous avons fait les angles alternes CAB, DBA égaux, ainsi (21 du II) les lignes AC, BD sont parallèles, A*e*, *oj* sont donc égales et parallèles, et A*o, ej*, qui les joignent sont aussi parallèles (36 du II). La même démonstration se fera des lignes *ej, fh*, gB. Les lignes B*g*, M*f*, L*e*, étant parallèles, la ligne AB est divisée comme A*g*, sont coupées égales, donc les parties AB le sont aussi (51 du II).

PROPOSITION LII. Autre manière de diviser une ligne.

Soit AB à diviser en 4 parties égales (*fig.* 163).

Menez la ligne CD parallèle à AB; du point C et à la première ouverture de compas, portez sur CD 4 parties égales 1, 2, 3, 4. Tirez AC, BD et les continuez jusqu'à leur rencontre en E. Menez du point E des lignes par les divisions 1, 2, 3, elles diviseront AB en 4 parties égales.

DÉMONSTRATION. Les lignes CD, AB, étant parallèles, les triangles CDE, ABE, sont semblables (57 du II), et sont divisés, l'un comme l'autre, par des triangles semblables (57 du II). Les bases des triangles sur CD, sont coupées égales : donc (70 du II) les bases des triangles sur AB sont aussi égales : donc la ligne AB est divisée comme CD en 4 parties égales.

PROPOSITION LIII. Faire diverses échelles sur des longueurs inégales.

Soit à faire trois échelles, chacune de 60 parties égales : la première de la longueur D; la deuxième de la longueur E, et la troisième de la longueur G (*fig.* 164).

Tirez une ligne AO de telle longueur qu'il vous plaira; portez sur cette ligne AO, et à la première ouverture de compas, dix petites parties égales AC. Portez AC six fois sur la même ligne AO, et sur ces six parties AB; faites le triangle équilatéral ABF (12). Prolongez FA vers R, et FB vers Y. Menez du point F des lignes par toutes les divisions de AB. Enfin, coupez FL, FI égales à D; FM, FN égales à E; EFP, FS égales à G; et les lignes LI, MN, PS, seront les échelles demandées.

Démonstration. Le triangle ABF est fait équilatéral, et le triangle LIF, lui est semblable (58 du II): donc comme AB est égal à AF, aussi LI est égale à FL ou D, et cette ligne LI est divisée comme AB (*Idem*), ainsi des autres.

Proposition LIV. Diviser une ligne en plusieurs parties qui soient entr'elles comme les parties d'une autre ligne.

Soit AB à diviser en quatre parties qui soient entr'elles comme les quatre parties de la ligne CD (*fig.* 165).

Menez comme vous voudrez la ligne AH, faisant un angle avec AB; coupez les parties AILMH égales aux parties CEFGD. Tirez BH, ses parallèles MN, LO, IP, et AB sera divisée comme AH ou CD son égale (51 du II).

Proposition LV. A deux lignes données trouver une troisième proportionnelle.

Soit à trouver une ligne qui soit à la ligne B comme la ligne B est à la ligne A (*fig.* 166).

Faites comme il vous plaira l'angle DNE. Coupez NH égale à la ligne A, et NO égale à la ligne B, et tirez la ligne HO. Coupez encore DH égale à NO, et menez DE parallèle à HO. La ligne EO sera la troisième demandée.

Démonstration. Les lignes DE, HO, étant parallèles, il y a même raison de NH à DH, ou de A à B leur égale, que de NO ou B son égale à OE (51 du II).

Proposition LVI. A trois lignes données trouver une quatrième proportionnelle.

Soit les lignes A, B, C auxquelles il faut trouver une quatrième proportionnelle (*fig.* 167).

Faites à volonté l'angle GDH; coupez DE égale à A; EG égale à B, et DF égale à C, et tirez la ligne EF. Menez GH parallèle à EF, et FH sera la ligne demandée.

Démonstration. Il y a même raison de DE ou A son égale, à EG ou B son égale, que de DF ou son égale C à FH (51 du II).

Proposition LVII. Trouver une moyenne proportionnelle (*fig.* 168).

Soit à trouver une moyenne proportionnelle entre les lignes A et B.

Tirez une ligne droite CD; coupez CE, ED égales aux lignes données A et B; divisez CD en deux également en L; de ce point L, décrivez le demi-cercle CFD. La perpendiculaire EF sera la moyenne demandée. Tirez CF, DF.

Démonstration. L'angle CFD est droit (77 du II), et (56 du II); les triangles M, N, sont équiangles; ainsi, dans le premier triangle, le moyen côté CE est au petit EF, comme dans le second triangle, le moyen côté EF est au petit ED (53 du II). La ligne EF est donc moyenne proportionnelle entre les extrêmes CE, ED, ou leur égale AB.

Proposition LVIII. Faire un triangle de trois lignes droites égales à trois lignes droites données.

Tirez une ligne droite AD égale à la première ligne donnée; d'un des bouts D, et de la longueur de la seconde ligne, décrivez un arc de cercle; de l'autre bout A, décrivez aussi un autre arc de cercle, et des points A, D menez les lignes données, qui se joindront au point d'intersection des deux arcs.

Proposition LIX. Autre manière de trouver une moyenne proportionnelle.

Soit à trouver une moyenne proportionnelle entre AB, AC (*fig.* 169).

Décrivez le demi-cercle AEB; élevez la perpendiculaire CE; la ligne AE, ou son égale AD, sera moyenne proportionnelle entre les proposés AB, AC.

Démonstration. Le triangle ABE est rectangle (77 du II), et le triangle ACE, lui est semblable (56 du II); AC est donc à AE dans le triangle R, comme AE à AB dans le triangle AEB (53 du II); ainsi, comme AC à AE ou son égale AD à AB.

PROPOSITION LX. D'une ligne donnée couper une partie qui soit moyenne proportionnelle entre le reste et une autre ligne.

Soit à couper de la ligne AC une partie CI, qui soit moyenne proportionnelle entre le reste AI et la ligne CB (*fig.* 170).

Décrivez, sur la droite ACB, le demi-cercle ADB; élevez la perpendiculaire CD; coupez BC en deux au point O; de ce point O, décrivez l'arc DI; la ligne IC sera moyenne proportionnelle entre AI et CB.

DÉMONSTRATION. Coupez CF, CE, égales à CO, CB : CH à CI, et FG à FH; puis faites les rectangles ACLR, GCMS et le carré CP. La ligne FH est égale à OI, et OI est coupée égale à OD, ainsi FH est aussi égale à FD : et le cercle décrit du centre F, et de l'intervalle FH passe par le point D. La ligne CD est moyenne proportionnelle entre AC et CB, de même qu'entre GC et CH (51), ainsi le carré CP, est égal au rectangle CS, compris sous les extrêmes GC, CH : de même qu'au rectangle CR, compris sous les extrêmes AC, CB (64 du II); donc (3 du II) les rectangles CS, CR, sont égaux, et AC est à CM, ou son égale CI, comme CG à CL, ou CE son égale (63 du II); de plus AI, est à IC, comme GE à EC, ou son égale CB (12 du II); or, GE est égal à IC, car IC l'est à CH, comme CH l'est à EG : donc comme AI à IC; IC à CB.

PROPOSITION LXI. Trouver deux lignes moyennes entre deux autres proposées, tellement que les quatre soient en proportion continue.

Soit à trouver deux moyennes proportionnelles entre les lignes AC, AB (*fig.* 171).

Faites le rectangle ABCD, et continuez CA vers E, BA vers G, et BD vers F. Tirez les diagonales AD, BC. Du point O décrivez le demi-cercle EGF, de manière qu'une ligne droite menée par les sections G, F, touchent l'angle C. Les lignes AG, AE seront les moyennes demandées.

DÉMONSTRATION. Tirez les lignes OE, OF, FG, BE. Les triangles rectangles ABD, ABC, ont les côtés AB, CD égaux, et une même base BD : donc ils sont semblables (22 du II); et l'angle OBD, est égal à l'angle ODB (24 du II) : donc (26 du II) le triangle BDO, est isocèle et ses côtés BO, DO, sont égaux. Par la même raison, les triangles ABC, ABD, sont encore semblables ; leurs angles ABC, BAD sont égaux ; le triangle ABO, est isocèle, et BO est égal à AO, de même qu'à DO. Les lignes AO, DO sont donc égales : OE, OF, le sont aussi étant des rayons du cercle EGF, et la diagonale AD, tombant sur les parallèles EC, BF, fait les angles alternes EAO, ODF égaux (20 du II) : donc (22 du II) les triangles OAE, ODF sont égaux et semblables, et leurs angles au point O, étant égaux, OE, OF, (19 du II) ne font qu'une ligne droite qui est le diamètre du demi-cercle EGF. L'angle EGF est droit (77 du II), et si vous décrivez un demi-cercle sur CE, il passera par le point G : donc les triangles ACG, AGE sont équiangles (56 du II) ; (et 51 du II) la perpendiculaire AG est moyenne proportionnelles entre les lignes AC, AE.

Les lignes DC, DF qui sont parallèles aux lignes AG, AC, sont les angles DCF, DFC, égaux aux angles AGC, ACG (15 du II) ; ainsi le triangle DCF est semblable au triangle ACG (31 du II). Les triangles OAE, ODF sont prouvés égaux et semblables : donc AE, DF, sont égales ; AB, DC, le sont aussi (38 du II), et les angles EAB, CDF, étant droits, le triangle EAB est semblable au triangle CDF (22 du II), et par conséquent au triangle GAC, EAG, ceux-ci ayant été prouvés semblables au triangle CDF.

L'angle BEG est donc droit, car il est composé des angles BEA, AEG, égaux aux angles EGA, AGC qui font l'angle droit EGC : donc la ligne AE, est moyenne entre AB et AG, de même que AG l'est entre AE et AC (51) : donc comme AB, à AE ; AE, à AG, et AG, à AC.

Proposition LXII. Décrire un ovale sur une longueur donnée.

Soit la ligne AB donnée pour faire un ovale (*fig.* 172).

Divisez AB en trois parties égales AGBD. Des points G, D, décrivez les cercles AOD, GHB. Menez les droites FGO, EDH. Du point E décrivez l'arc HI et l'arc OS du point F.

Proposition LXIII. *Décrire un ovale sur une longueur et une largeur données.*

Soit les lignes AB, CD, qui se coupent également l'une l'autre à angles égaux, données pour faire un ovale (*fig.* 173).

Ayez une règle MO égale au grand rayon AE, sur laquelle marquez la longueur MN égale au petit rayon CE. Conduisez cette règle sur les diamètres AB, CD, tellement que le point N, coulant sur AB, l'extrémité M décrira l'ovale demandé.

Proposition LXIV. *Trouver le grand et le petit diamètre d'un ovale.*

Soit l'ovale AB, CD (*fig.* 174).

Menez comme il vous plaira les deux parallèles NA, IH. Coupez ces parallèles chacune en deux, et par leur coupe L, M, tirez la droite PO; divisez aussi la droite PO en deux au point E. Du point E décrivez à volonté le cercle SGF coupant la circonférence de l'ovale en quatre points. Menez FG et sa parallèle TEC, qui sera le petit diamètre; puis tirez le grand diamètre BED coupant le petit par des angles droits.

Proposition LXV. *Diviser la circonférence d'un cercle en 360 degrés.*

Soit le cercle A à partager (*fig.* 175).

Menez les diamètres AB, CD, se coupant à angles droits en E, et la circonférence se trouvera divisée en quatre parties égales, valant chacune 90 degrés. Des points A et C décrivez les arcs EG, EF, qui diviseront le quart de cercle AC en trois parties chacune de 30 degrés. Le quart de cercle AC étant de 90 degrés, et les arcs AG, CF, chacun de 60 (74 du II), il s'ensuit que les supplémens CG, AF sont chacun de 30 degrés. Or, deux fois 30 degrés, soustraits de 90 degrés reste aussi 30 degrés pour l'arc GF. Divisez ces trois arcs égaux CGFA chacun en trois, puis chaque partie en dix, et ainsi des trois autres quarts de circonférence.

PROPOSITION LXVI. Diviser le contour d'une figure en plusieurs parties égales.

Soit le plan H à diviser en 8 parties égales (*fig.* 176).

Prolongez la base AB de part et d'autre. Prolongez aussi AF vers N, BC vers L, et CD vers M. Coupez FN égale à FE, et AG égale à AN. Coupez de même DM égale à DE, CL égale à CM, BI égale à BL, et la ligne GI sera égale au contour du plan. Divisez GI en 8 parties égales, 1, 2, 3..... Du point B décrivez les arcs 22, 11, parallèles à l'arc GN, et du point A, les arcs 66, 77, parallèles à l'arc IL, ainsi du reste. Les points 1, 2, 3..... qui se trouveront dans les côtés du plan, feront la division demandée.

PROPOSITION LXVII. Trouver une ligne droite égale à une courbe.

Soit la ligne courbe AB dont on veut avoir l'égale (*fig.* 177).

Tirez la ligne droite indéterminée DE. Prenez, de la ligne proposée AB, une partie AC, si petite que la courbure de la ligne y soit imperceptible; portez cette petite partie sur AB autant de fois qu'elle y pourra être comprise, par exemple, 20 fois. Portez autant de ces petites parties sur DE, qui, se terminant en E, vous aurez la droite assez précisément égale à la courbe AB.

CHAPITRE IV.

RÉDUCTION ET TRANSFORMATION DES PLANS.

Proposition Ire. D'un triangle scalène ABC faire un triangle isocèle, ou, ce qui est la même chose, décrire un triangle isocèle égal au scalène proposé (*fig.* 178).

Coupez la base AB en deux également en D; élevez la perpendiculaire DE; menez CE parallèle à la base AB. Tirez EA, EB, vous aurez le triangle isocèle ABE pour le triangle proposé ABC (42 du II).

Proposition II. Réduire en triangle le parallélogramme BD (*fig.* 179).

Continuez AB, et coupez AE égale à AB. Menez CE, et le parallélogramme sera réduit en triangle, ou pour mieux dire, le triangle BCE sera fait égal au parallélogramme BD.

Démonstration. Le parallélogramme BD est coupé en deux triangles égaux, par la diagonale AC (37 du II), le triangle AEC, est égal au triangle ABC (43 du II) ; donc il est aussi égal au triangle ACD ; et ôtant le commun CDF, reste le triangle AEF, égal au triangle retranché CDF : donc le triangle BCE est égal au parallélogramme BD,

Proposition III. Réduire le triangle ABC en parallélogramme (*fig.* 180).

Coupez la base AB en deux également en D. Menez CD et sa parallèle BE. Tirez encore CE parallèle à AB. Le parallélogramme DE sera égal au triangle ABC.

Démonstration. Le triangle G est égal au triangle F (43 du II). Il est aussi égal au triangle H (37 du II) ; donc les triangles F, H, sont égaux (3 du II) et mettant le triangle H pour son égal F, le parallélogramme DE est égal au triangle ABC.

PROPOSITION IV. Faire un parallélogramme du triangle ABC sans changer l'angle A (*fig.* 181).

Coupez AC en deux également en M. Tirez MO parallèle à AB, et BO parallèle à AC. Le parallélogramme AO sera égal au triangle ABC.

DÉMONSTRATION. Les lignes AM, MC, sont coupées égales, BO est égale à AM (38 du II) : donc BO, MC, sont aussi égales, et étant parallèles, le triangle D est égal au triangle E (59 du II) : donc le parallélogramme AO est égal au triangle ABC.

PROPOSITION V. Faire un rectangle du parallélogramme STRO (*fig.* 182).

Elevez TV perpendiculaire sur TR. Coupez VI égale à TR, et le rectangle IVTR sera égal au parallélogramme OSTR (40 du II).

PROPOSITION VI. Décrire un rectangle égal au triangle ABC (*fig.* 183).

Abaissez la perpendiculaire CF, et la coupez en deux au point N. Menez par le point N la ligne GI parallèle à AB. Coupez NG égale à FA, et NI égale à FB. Menez BI, AG, et ABIG sera le rectangle demandé égal au triangle donné.

DÉMONSTRATION. La ligne NG est coupée égale à sa parallèle AF, et (36 du II) AG est égale et parallèle à NF, comme aussi à son égale NC : donc (59 du II) le triangle AGO, est égal au triangle CNO. Par la même raison, le triangle BIP est égal au triangle CPN. Les lignes IG, AB, étant égales et parallèles, BI, AG, sont aussi parallèles (36 du II), et le parallélogramme ABIG est rectangle ; car les angles au point F étant droits, leurs opposés I, G, sont aussi droits, et les opposés à ceux-ci, GAB, ABI, le sont aussi (38 du II).

PROPOSITION VII. Réduire en triangle le quadrilatère ABCD (*fig.* 184).

Prolongez la base AB vers E. Menez AD, sa parallèle CE

et la ligne DE. Le quadrilatère sera réduit en triangle BDE.

Démonstration. Les triangles ADC, ADE ont une même base AD et sont entre les mêmes parallèles AD, CE : donc ils sont égaux (42 du II), et en leur ajoutant le triangle commun ABD, le triangle BDE est égal au quadrilatère ABCD (44 du II).

Proposition VIII. Donner au triangle ABC la hauteur BD (*fig.* 185).

Menez DE parallèle à sa base BC. Continuez un des côtés comme AB jusqu'en F. Tirez CF, sa parallèle AG et la ligne FG. Si vous mettez le triangle AGF pour AGC qui lui est égal (42 du II), le triangle BGF sera égal au triangle donné ABC, et de la hauteur proposée BD.

Proposition IX. Abaisser le triangle ABC à la hauteur AD (*fig.* 186).

Menez DE parallèle à AB. De l'une des sections comme G, tirez GB. Continuez la base AB vers H; menez CH parallèle à BG. Tirez GH, et mettez le triangle AGH pour son égal ABC.

Proposition X. Hausser le triangle IKL jusqu'au point M (*fig.* 187).

Menez la ligne LM, MK, MI. Tirez LP parallèle à KM; puis menez PM. Conduisez aussi LN parallèle à MI, et menez MN. Si vous donnez le triangle PLM pour son égal PLK, et LNM pour son égal LNI, le triangle MNP sera égal au proposé IKL.

Proposition XI. ABC est un autre triangle que l'on veut abaisser au point D (*fig.* 188).

Menez DA, DB, DC, et continuez la base AB de part et d'autre. Menez CH parallèle à BD, et CG parallèle à DA. Tirez DH, DG, et le triangle BDH étant mis pour son égal BDC, et ADG pour son égal ADC, le triangle DGH sera égal au triangle proposé ABC.

Proposition XII. Réduire le quadrilatère ABCD en parallélogramme rectangle (*fig.* 189).

Tirez AC et ses parallèles BE, DF; coupez AC en deux également en G par la perpendiculaire HI. Menez, par le point C, EF parallèle à IH, et le rectangle EF, IH sera égal au quadrilatère proposé.

Démonstration. Le rectangle GE, est égal au triangle ACB, et le rectangle GF, l'est au triangle ACD (3).

Proposition XIII. Réduire le trapèze ABCD en un triangle qui ait son angle supérieur en E (*fig.* 190).

Continuez la base AB de part et d'autre. Menez DG parallèle à EB, et GF parallèle à AE. Tirez EF, EG, et les triangles AEF, BEG, étant mis pour leurs égaux AEC, BED, le triangle EFG sera égal au trapèze proposé.

Proposition XIV. Faire du pentagone ABCDE un quadrilatère CDEF (*fig.* 191).

Menez AC, sa parallèle BF et la ligne CF; mettez le triangle ACB pour son égal ACR, et le quadrilatère DEFG sera égal au pentagone ABCDE.

Proposition XV. Réduire en triangle le pentagone APONR (*fig.* 192).

Prolongez la base NO de part et d'autre. Tirez AO, sa parallèle PV, et la ligne AV. Tirez aussi AN, sa parallèle RS, et la ligne AS. Mettez AOV pour son égal AOP, et ANS pour son égal ANR : le triangle AVS sera égal au pentagone.

Proposition XVI. Réduire en triangle le quadrilatère ABCD qui a un angle rentrant BAD (*fig.* 193).

Menez BD, sa parallèle AE et la ligne DE. Donnez le triangle AED pour son égal AEB, et vous aurez le triangle CDE pour le quadrilatère proposé.

PROPOSITION XVII. Décrire un triangle égal au pentagone régulier ABD (*fig.* 194).

Portez sur la base prolongée NM, cinq fois la longueur de la base AB, c'est-à-dire, coupez NM égale aux cinq côtés du pentagone. Du centre R, menez RL, RM, et le triangle MRN sera égal au pentagone.

DÉMONSTRATION. Le triangle ABR est la cinquième partie du pentagone, comme il est la cinquième partie du triangle NMR (43 du II) : donc (6 du II) le triangle NMR esé tgal au pentagone.

PROPOSITION XVIII. Réduire le pentagone AD en triangle sur le côté AB (*fig.* 195).

Continuez la base AE vers G. Menez CE, sa parallèle DF, et la ligne CF. Mettez le triangle CEF pour son égal CDE, et le quadrilatère ABCF sera égal au pentagone. Tirez BF, sa parallèle CG, et la ligne BG. Mettez le triangle BEG pour son égal BFC, et le triangle ABG sera égal au quadrilatère ABCF.

PROPOSITION XIX. Réduire l'exagone ABE en triangle AFL (*fig.* 196).

Prolongez CD vers H, BC vers I, et AB vers L. Menez DF, sa parallèle EH ; CF, sa parallèle HI ; BF, sa parallèle IL, et la ligne FL, qui fera le triangle ALF égal à l'exagone proposé.

DÉMONSTRATION. Supposé les lignes FH, FI ; les triangles FDH, FDE, sont égaux ; et le pentagone ABCDF leur étant commun, le pentagone FHCBA est égal à l'exagone ABCDEF. De même les triangles FCI, FCH, sont égaux ; et le quadrilatère ABCF leur étant commun, le quadrilatère ABIF, est égal au pentagone ABCHF. Enfin, les triangles EBL, FBI, sont égaux ; ABF leur est commun : donc le triangle AFL est égal au quadrilatère FABI, et par conséquent à l'exagone proposé ABE.

Proposition XX. Du pentagone ABCDE, faire un triangle qui ait son angle supérieur en O, et la base dans la ligne SY (*fig*. 197).

Tirez AC, sa parallèle BF et la ligne CF. Tirez de même AD, sa parallèle EH et la ligne DH; mettez le triangle ADH pour son égal ADE, et ACF pour son égal ACB; le trapèze CDEH sera égal au pentagone. Réduisez ce trapèze en triangle OGI (13).

Proposition XXI. Du pentagone ABLD faire un triangle de la hauteur IL (*fig*. 198).

Réduisez le pentagone en triangle AEF (15). Abaissez ce triangle AEF à la hauteur IGH (11).

Proposition XXII. Décrire sur la ligne BD et sur l'angle ABD un triangle égal au triangle ABC (*fig*. 199).

Menez CD, sa parallèle BE, la ligne DE, et mettez le triangle BED pour son égal BEC. Tirez AD, sa parallèle EF, la ligne DF; et ayant mis le triangle EFD pour son égal EFA, le triangle BDF sera égal au proposé ABC.

Proposition XXIII. Décrire sur la ligne AF un triangle égal au pentagone ABD (*fig*. 200).

Réduisez le pentagone en triangle ABG (18). Faites le triangle AHF égal au triangle ABG (8).

Proposition XXIV. Réduire en triangle le plan ABCDE qui a un angle rentrant (*fig*. 201).

Continuez CD vers F, et ED vers G. Menez AC, sa parallèle BF, la ligne AF; et le triangle ACF sera égal au triangle ACB. Menez AD, sa parallèle FG, la ligne AG; puis mettant le triangle ADG pour son égal ADF, le triangle AEG sera égal au plan proposé.

Proposition XXV. Réduire en triangle le plan ABCDEF (*fig.* 202).

Menez BD, sa parallèle CG, la ligne DG. Mettez le triangle BDG pour son égal BDC. Menez EG, sa parallèle DH, et la ligne EH. Mettez le triangle EGH pour son égal EGD. Menez enfin FH, sa parallèle EI, et la ligne EI ; puis mettez le triangle EIF pour son égal EIH et le plan proposé sera réduit en triangle AIF.

Proposition XXVI. Alonger le parallélogramme MC sur la longueur MA (*fig.* 203).

Menez AD parallèle au côté CB. Prolongez GC jusqu'en D, et tirez DM. Prolongez par le point H, EF, parallèle à MA. Le parallélogramme ME sera égal au proposé MC.

Démonstration. Le supplément ajouté O, est égal au parallélogramme P (65 du II).

Proposition XXVII. Réduire le parallélogramme CNOP à la largeur CR (*fig.* 204).

Menez RVS parallèle à CN. Continuez PO vers K, et CN vers T. Tirez, par le point V, la diagonale CK. Menez KT parallèle à ON, et vous aurez le parallélogramme CRST pour le proposé NP.

Démonstration. Le supplément ajouté TV est égal au retranché VP (65 du II).

Proposition XXVIII. Décrire un carré égal au rectangle BG (*fig.* 205).

Continuez GD vers H et DB vers E. Coupez DH égal à DB. Coupez GH en deux également en O. Du point O décrivez le demi-cercle HEG, et le carré DC que vous ferez sur DE sera égal au rectangle BG.

Démonstration. DE est moyenne proportionnelle entre DG et DH ou DB son égal : donc (64 du II) le carré CD est égal au rectangle proposé. Pour faire un carré égal au parallélogramme

IKLM (*fig.* 206) qui n'est pas rectangle, la moyenne proportionnelle KN, doit être prise entre KI et KP, égale à la perpendiculaire KO, de même que si le parallélogramme proposé était rectangle (40 du II).

PROPOSITION XXIX. Réduire le plan ABCDE entre les deux parallèles BI, AD (*fig.* 207).

Prolongez CD vers G et AD vers H. Menez EG parallèle à AD, GH parallèle à AC, et HI parallèle à CD. Tirez DI, et le triangle CDI sera égal au triangle retranché ADE.

DÉMONSTRATION. Les triangles ACH, ACG, sont égaux (42 du II), et ôtant le commun ACD, les triangles CDH, ADG, restent égaux; CDI est égal à CDH, et ADE l'est à ADG (42 du II); donc CDI est égal à ADE.

PROPOSITION XXX. Réduire en parallélogramme le quadrilatère DOPR qui a déjà les côtés DR, PO parallèles (*fig.* 208).

Coupez OD en deux également en S. Menez TSV parallèle à PR, et continuez PO jusqu'en T; mettez le triangle OTS pour SVD, qui lui est égal (59 du II) et vous aurez le parallélogramme RT pour le quadrilatère proposé.

PROPOSITION XXXI. Décrire un triangle équilatéral égal au scalène ABC (*fig.* 209).

Faites, sous la base AB, le triangle équilatéral ABD. Prolongez le côté DB vers E; menez CE parallèle à AB, et supposez la ligne AE, le triangle ABE sera égal au triangle ABC (42 du II). Décrivez sur DE le demi-cercle DEF. Élevez BF, moyenne proportionnelle entre les extrêmes BE, BD. Du point B décrivez l'arc FGH, et du point G, l'arc BH. Menez les droites GH, BH; je dis que le triangle équilatéral BGH est égal au scalène ABC.

DÉMONSTRATION. Les lignes BE, BF, BD, sont proportionnelles; les triangles BEA, BDA, faits sur les extrêmes BE, BD, sont de même hauteur AI; BG est égal à la moyenne BF, et le triangle BGH est fait semblable à ABD : donc (67 du II) il est égal au triangle BEA, et par conséquent au proposé ABC.

PROPOSITION XXXII. Du triangle ABC faire un triangle semblable au proposé O (*fig.* 210).

Faites le triangle ACF semblable au triangle O. Menez BG parallèle à AC. Prenez CH moyenne proportionnelle entre CF et CG. Menez HD parallèle à AF, et le triangle CDH sera semblable au triangle O, et égal au triangle ABC.

DÉMONSTRATION. Les lignes CF, CH, CG sont proportionnelles. Les triangles ACF, ACG, sont de même hauteur CA, et ont pour base les extrêmes, CF, CG : le triangle CDH, fait sur la moyenne CH, est semblable à ACF ou O (57 du II) et (67 du II), il est égal à ACG, et par conséquent au proposé ABC.

PROPOSITION XXXIII. Tirer une ligne parallèle à DE, qui fasse, avec l'angle A, un triangle égal au triangle ABC (*fig.* 211).

Menez CF parallèle à DE, et prolongez AB vers F, s'il est nécessaire. Coupez AH moyenne proportionnelle entre les extrêmes AB, AF (52 du III). Menez HI parallèle à DE ou CF; et le triangle AIH sera égal au triangle ABC.

DÉMONSTRATION. Les triangles AFC, ABC, faits sur les extrêmes AF, AB, sont de même hauteur C; le triangle AHI, décrit sur la moyenne AH, est semblable au triangle AFC (57 du II) : donc (67 du II) il est égal au triangle ABC.

PROPOSITION XXXIV. On demande que le côté AB du pentagone ABD soit parallèle à CE (*fig.* 212).

Prolongez les côtés EA, CD en F. Coupez FR, moyenne proportionnelle entre FG, FB (52 du III). Tirez le côté RL parallèle à AG.

DÉMONSTRATION. Les triangles ABF, FLR, sont égaux par la précédente, et en ôtant le quadrilatère commun AORF; le triangle ajouté OBR reste égal au retranché OLA.

PROPOSITION XXXV. Le parallélogramme ABEG étant donné, diriger son côté AB vers le point D (*fig.* 213).

Coupez AB en deux également en O. Tirez, du point donné D, la ligne DOS, et vous aurez la direction; le triangle ajouté OBD, étant égal au retranché OAS (59 du II).

PROPOSITION XXXVI. Diriger le côté AB du triangle ABC, vers le point D (*fig.* 214).

Prolongez BC de part et d'autre, menez DEF perpendiculaire sur BC, coupez EF, égal à DE, tirez FG, parallèle à BC.

Faites sur CG le triangle CGK égal au triangle ABG (9); menez DH, parallèle à AC, coupez CL, égale à CK; retranchez de la ligne CH, la partie CM, moyenne proportionnelle entre le reste MH, et CL (52 du II). Menez la ligne demandée DMI, et vous aurez le triangle CMI, pour le proposé ABC.

DÉMONSTRATION. Les lignes HM, MC, CL ou CK son égale, sont coupées proportionnelles: les triangles DHM, CGK faits sur les extrêmes HM, CK, sont de même hauteur; car les perpendiculaires DE, EF ont été coupées égales: et puisque DH est menée parallèle à CI, le triangle CIM, décrit sur la moyenne CM, est semblable à DHM (59 du II): donc (67 du II) CIM est égal à CGK, et par conséquent au proposé ABC, auquel CGK a été fait égal.

PROPOSITION XXXVII. Diriger vers le point D, le côté AB du plan ABG (*fig.* 215).

Prolongez les côtés EB, GK, jusqu'à leur rencontre C, du triangle ABC, dirigez le côté AB vers D (par la précédente).

PROPOSITION XXXVIII. Décrire un exagone régulier égal au triangle ABC (*fig.* 216).

Décrire de telle grandeur qu'il vous plaira l'exagone régulier D.

Faites sur AB le triangle ABE, semblable au triangle D, de manière que l'angle AEB soit celui du centre.

Prolongez BE de part et d'autre. Menez CF parallèle à AB, et tirez AF. Le triangle ABF sera égal au triangle donné ABC (42 du II). Divisez BF en 6 parties égales, c'est-à-dire, en autant de parties que la figure doit avoir de côtés. Coupez BG, égale à la sixième BH. Cherchez BM, moyenne proportionnelle entre BE et BG (51 du III). Du point B, décrivez l'arc MN, et du point N, le cercle BOR, l'exagone décrit dans ce cercle sera égal au triangle proposé.

DÉMONSTRATION. Les lignes BE, BM, BG sont proportionnelles: les triangles BEA, BGA, faits sur les extrêmes BE, BG, sont de même hauteur AN ; le triangle BON, fait sur BN, égal à la moyenne BM est semblable au triangle BAE : donc il est égal au triangle BAG ; le triangle BGA vaut une sixième partie du triangle ABF ; et le triangle BON est une sixième partie de l'exagone BOR : donc l'exagone BOR est égal au triangle ABF, et par conséquent au triangle proposé ABC.

PROPOSITION XXXIX. Décrire un pentagone régulier, égal à l'irrégulier ABD (*fig.* 217).

Réduisez le pentagone irrégulier en triangle BCF (18 ou 19).

Faites comme il vous plaira le pentagone régulier G. Faites le triangle BFH équiangle au triangle G, en sorte que l'angle H soit l'angle du centre comme est l'angle G. Prolongez HB vers I, et menez CK parallèle à BF. La ligne FK étant tirée, BFK sera égale au triangle BFC (42 du II). Divisez BK en cinq parties égales, c'est-à-dire, en autant de parties qu'un pentagone a de côtés, tirez BM, moyenne proportionnelle entre BH et la cinquième partie BL. Menez BP, parallèle à FH, l'angle BP sera égal à l'angle du centre H ou G son égal (1 du II). Du point B et de l'intervalle BM, décrivez le cercle MOP, et dans ce cercle faites le pentagone demandé OPN, dont OP sera un des côtés.

Démonstration. Le rayon BO est coupé égal à la moyenne BM, ainsi HB, BO, BL, sont proportionnelles. Les triangles HBF, BLF, décrits sur les extrêmes HB, BL, sont de même hauteur RE, le triangle BOP, décrit sur la moyenne BO, est semblable à HBF (58 du II) : donc il est égal à BLF (67 du II). Le triangle BLF est la cinquième partie du triangle BKF, ou du pentagone ABD son égal : donc BOP qui est égale à BLF, est la cinquième partie du pentagone irrégulier ABCD, de même qu'il est la cinquième partie du pentagone régulier OPN : donc (6 du II) le pentagone régulier est égal à l'irrégulier.

Proposition XL. Soit le triangle ABC donné pour en faire un polygone semblable au polygone DG (*fig.* 218).

Faites le triangle ABL semblable au triangle FGH.

Menez CK parallèle à AB. Réduisez le plan GD, en triangle GHI (18 ou 19), coupez la ligne BK en M, comme GI l'est en F. Coupez BO, moyenne proportionnelle entre BL et BM. Tirez OP parallèle à AL, le triangle OBP sera semblable au triangle ABL (57 du II), et par conséquent au triangle GHF.

Faites sur OP le quadrilatère OPQR semblable au quadrilatère HFDE. Il est évident que le plan BR sera semblable au proposé GD (68 du II); mais qu'il soit égal au triangle ABC, c'est ce qu'il faut démontrer.

Démonstration. La ligne BO est coupée moyenne proportionnelle entre les extrêmes BL, BM, les triangles ABM, ABL, faits sur les extrêmes BL, BM, sont de même hauteur BA; le triangle BOP fait sur la moyenne BO est semblable au triangle ABL : donc il est égal au triangle ABM (67 du II). Le triangle ABK (47 du II) est au triangle ABM, ou son égal BOP, comme le triangle GHI est au triangle FGH, puisque BK a été coupée en M, comme GI l'est en F. Le triangle GHF est au plan GD, comme le triangle BOP, au plan BR (70 du II); car les plans GD, DR, sont semblables, le triangle GHI a été fait égal au plan GD : donc le triangle ABK ou ABC son égal, est égal au plan BPQRO.

PROPOSITION XLI. Décrire une figure semblable à la figure HK, qui contienne autant de surface que la figure CE (*fig.* 219).

Réduisez la figure CE, en triangle DLM (15). Réduisez aussi la figure HK en triangle IOS. Du triangle DLM, faites le triangle NLP, de la hauteur du triangle IOS (8). Prolongez OS vers Q, et coupez SQ égale à PL, base du triangle NPL. Tirez SR, moyenne proportionnelle entre les bases QS, SO. Menez OR et ses parallèles FT, GV. La base SR sera divisée en T, V; comme SO l'est en F, G (51 du II). Faites le triangle SRY, semblable au triangle OSI, et la figure demandée ZX sera semblable à la figure HK.

DÉMONSTRATION. Les lignes OS, SR, SQ, sont proportionnelles; ainsi le triangle SRY, qui est fait semblable à IOS, est égal à ISQ (67 du II). Le triangle SRY et le pentagone XZ, pris ensemble, sont faits semblables au triangle IOS, et au pentagone HK, aussi pris ensemble, comme ne faisant qu'une même figure; et (70 du II) le pentagone XZ est au triangle SRY, comme le pentagone HK est au triangle OSI, le pentagone HK est égal au triangle IOS: donc le pentagone XZ est aussi égal au triangle SRY, et par conséquent au triangle IQS, qui étant fait égal au plan CE, le plan CE et le pentagone XZ sont égaux.

PROPOSITION XLII. Décrire un triangle égal au cercle ABD (*fig.* 220).

Tirez le rayon CE et la tangente EF, égale à la circonférence du cercle.

DÉMONSTRATION. L'expérience nous apprend qu'on ne saurait tirer une ligne tangente, qu'elle ne paraisse à la vue couler l'espace de quelques degrés dans la circonférence du cercle. Nous pouvons donc bien prendre sans aucune erreur sensible, des petites parties de circonférence pour des lignes droites. Cela supposé, venons à notre preuve.

La tangente EF est coupée d'autant de petites parties égales qu'il s'en est trouvé à la première petite ouverture de compas, dans la circonférence du cercle. Ainsi si on faisait sur chacune de ces petites parties égales, tant de la tangente que de la circonférence, des triangles qui eussent leur sommet au centre C, ils seraient tous égaux (43 du II); et si, par exemple, le cercle contenait 400 de ces petits triangles, le triangle CEF en contiendrait autant : donc le triangle est égal au cercle.

PROPOSITION XLIII. Autre manière de décrire un triangle égal à un cercle (*fig.* 221).

Inscrivez le triangle équilatéral ABC, et l'ennéagone régulier AED. Prolongez les côtés BC, DE, de part et d'autre. Coupez BF égale à BA, et CG égale à CA. Coupez aussi DH égale aux 4 côtés DBPOA; et EI égale à DH, afin que HI soit égale aux 9 côtés de l'ennéagone; comme FG l'est aux trois côtés du triangle équilatéral. Tirez le diamètre AS, et le continuez vers N. Décrivez un arc par les points HF; GI. Menez la parallèle ou tangente LSM; elle sera égale à la circonférence du cercle ABC.

DÉMONSTRATION. Si vous prenez une petite partie, elle se trouvera autant de fois dans la circonférence du cercle que dans la tangente LM. Menez du centre R, les lignes RL, RM, et le triangle RML sera le demandé (suivant la précédente).

PROPOSITION XLIV. Réduire en cercle le triangle ABC. (*fig.* 222).

Coupez la base AB en deux également au point D. Élevez la perpendiculaire DE. Menez CF parallèle à la base AB. Du point F, décrivez le cercle DOP. Réduisez ce cercle en triangle FGH. Coupez DI, moyenne proportionnelle entre DA et DG. Menez IK parallèle à GF. Du point K, décrivez le cercle DMN, il sera égal au triangle ABC. Tirez AF, BF.

DÉMONSTRATION. Les triangles DGF, DIK, sont semblables (57 du II), ainsi ils sont en raison double de leur côté ou perpendiculaire DF, DK (66 du II). Les cercles DOP, DMN, sont aussi en raison double des mêmes perpendiculaires, qui sont leurs rayons ou demi-diamètres : donc comme le triangle DFG est au triangle DIK, le cercle DOP est au cercle DMN, et par échange, comme le triangle DFG, est au cercle DOP, le triangle DIK est au cercle DMN, le cercle DOP est double du triangle DFG : donc le cercle DMN est aussi double du triangle DKI, qui est fait égal au triangle ADF (33). Le triangle ABF est double du triangle AFD : donc le cercle DNM est égal au triangle ABF, et par conséquent au triangle donné ABC; ces triangles ABF, ABC étant égaux (42 du II).

PROPOSITION XLV. Décrire sur la ligne droite GF, une ovale égale au cercle ABC (*fig.* 223).

Que le centre du cercle proposé soit dans le milieu de la ligne GF. De ce point E élevez la perpendiculaire EC. Tirez CG, et la coupez en deux également en H. Tirez sur CG la perpendiculaire HI. Du point I décrivez le demi-cercle GCK. Portez FK sur EC de E en M, et de E en L. Les droites GF, LM, seront les deux diamètres sur lesquels vous ferez l'ovale demandée.

DÉMONSTRATION. Les demi-diamètres GE, EC, EM ou son égal EK, sont proportionnels, ainsi les diamètres GF, CD, LM, le sont aussi. Or, si on suppose, comme il est évident, qu'il y a même raison du cercle CD à l'ovale, qu'il y aurait d'un carré fait sur les diamètres de ce cercle CD, au rectangle compris sous le grand et petit diamètre de l'ovale; on doit conclure que le cercle CD est égal à l'ovale; de même que le carré serait égal au rectangle (64 du II).

PROPOSITION XLVI. Décrire un cercle égal à l'ovale GLMF. (*fig.* 223).

Tirez les diamètres GF, ML, se coupant à angles droits en E. Coupez EC, moyenne proportionnelle entre les diamètres EG, et EM, ou EK son égale. Du centre E, décrivez le cercle demandé ABDC.

La démonstration est l'inverse de la précédente.

CHAPITRE V.

DIVISION DES PLANS.

PROPOSITION I. Partager le triangle ABC en trois parties égales, par des lignes tirées de l'angle C (*fig.* 224).

Divisez la base AB en trois parties égales ADEB. Menez les lignes CD, CE, elles feront le partage demandé (43 du II).

PROPOSITION II. Partager le quadrilatère BD en deux également, par une ligne tirée de l'angle C (*fig.* 225).

Réduisez le quadrilatère en triangle BCE (7 du IV). Divisez la base BE en deux au point F, et la ligne CF sera le partage demandé.

DÉMONSTRATION. Le triangle BCE est fait égal au quadrilatère proposé; BCF est moitié du triangle BCE : donc il est moitié du quadrilatère BD.

PROPOSITION III. Partager le quadrilatère AC en deux, par une ligne menée de l'angle B (*fig.* 226).

Réduisez le quadrilatère en triangle BCE. Coupez ce triangle BCE en deux également par la ligne BF. Menez BD, sa parallèle FG, et la ligne BG fera le partage du quadrilatère.

DÉMONSTRATION. Donnant le triangle BDG, pour son égal BDF, le quadrilatère GBCD est égal au triangle BCF.

PROPOSITION IV. Diviser le quadrilatère AC en trois également, par deux lignes menées de l'angle D (*fig.* 227).

Tirez AC, et la divisez en trois parties égales AEHC, c'est-à-dire, divisez cette ligne en autant de parties qu'il faut partager le quadrilatère. Menez BD, ses parallèles EI, HL, et les lignes DI, DL qui feront le partage demandé.

Démonstration. Les lignes DE, DH, BE, BH, divisent les triangles ACD, ACB, chacun en trois triangles égaux (43 et 4 du II) les quadrilatères ABED, EDHB, HDCB sont égaux, et valent chacun un tiers du quadrilatère AB, CD.

La ligne EI a été menée parallèle à BD; ainsi les triangles EID, EIB qui ont une même base EI sont égaux; d'où ôtant le commun EIO, reste DEO égal à BIO, et donnant l'un pour l'autre, AID est égal au quadrilatère ABED. De même, mettant le triangle DHS, pour son égal BLS, le triangle CDL, est égal au quadrilatère BCDH. Enfin, puisque le triangle BLS est égal au triangle DHS, le triangle BIO au triangle DEO, le quadrilatère BIDL est aussi égal au quadrilatère EDHB.

Proposition V. Conduire de l'angle A, les lignes qui partagent le pentagone CD en trois parties égales (*fig.* 228).

Réduisez le pentagone en triangle AFG (15 du IV). Divisez la base FG en trois parties égales FHIG. Menez de l'angle A les lignes demandées AH, AI.

Démonstration. Le triangle AFG est fait égal au pentagone CD, et les lignes AH, AI, le partagent en trois triangles égaux : donc le triangle commun AIH est le tiers du pentagone CD, comme il est le tiers du triangle AFG. Les triangles ABC, ABF, sont égaux (42 du II), et leur ajoutant le commun ABH, le quadrilatère ACBH est égal au triangle AFH. Par la même raison le quadrilatère AIED est égal au triangle AIG.

Proposition VI. Diviser le pentagone BM en 4 parties égales, par des lignes tirées du point A (*fig.* 229).

Réduisez le pentagone donné en triangle ABF (18 du IV). Divisez la base BF, en 4 parties égales 1, 2, 3, 4. Menez AC, et ses parallèles 22, 33. Des points 1, 2, 3, qui se rencontrent dans les côtés de la figure, tirez des lignes à l'angle A, elles feront le partage demandé.

Démonstration. 1° Le triangle ABO étant une quatrième partie du triangle ABF, qui est fait égal au pentagone BM, il est aussi une quatrième partie du même pentagone. 2° Supposé la ligne AG, les triangles ACH, ACG, sont égaux (42 du II), et le triangle commun ABC leur étant ajouté, le quadrilatère ABCH est égal au triangle ABG : donc le quadrilatère ABCH contient la moitié du pentagone BM, comme le triangle ABG contient la moitié du triangle ABF.

Enfin les triangles ACL, ACN, sont égaux, le triangle ABC leur est commun : donc le quadrilatère ABCN est égal au triangle ABL, ce triangle contient 3/4 du triangle ABF : donc le quadrilatère ABCN, contient 3/4 du pentagone proposé.

PROPOSITION. VII. Diviser le plan BG en 6 parties égales, par des lignes menées à l'angle A (*fig.* 230).

Réduisez ce plan en triangle ABI (19 du IV). Divisez la base BI en 6 parties égales, 1, 2, 3, 4, 5, 6. Continuez GH vers N, GF vers O, FE vers P. Menez AH et ses parallèles 22, 33, 44, 55. Tirez AG, et ses parallèles 33, 44, 55. Menez AF et ses parallèles 44, 55. Menez aussi AE et sa parallèle 55. Si des points 1, 2, 3, 4, 5, qui se rencontrent dans les côtés du plan, vous menez des lignes au point A, elles feront la division requise.

DÉMONSTRATION. Supposé les lignes AM, AN, AO, AP. Les lignes AH, MN, étant parallèles, le triangle AHN, est égal à AHM (42 du II). Par la même raison AGO est égal à AGN, AFP l'est à AFO ; et AER à AEP : ainsi la ligne AR coupe du plan proposé la partie ABHGFER, égale au triangle ABM. Le triangle ABI est fait égal au plan proposé : donc le triangle ARC est égal au triangle AIM (5 du II). Le triangle AIM est la sixième partie du triangle ABI : donc ARC est la sixième partie du plan proposé.

Les autres divisions se prouveront de même ou par la précédente.

PROPOSITION VIII. Tirer de l'angle A une ligne qui partage le plan BCE en deux également (*fig.* 231).

Réduisez le plan GBE en triangle ABG. Coupez BG en deux parties égales au point I. Le triangle ABI vaudra la moitié du plan proposé. Prolongez CD vers H ; menez AC, sa parallèle IH, la ligne AH, et donnez le triangle ACH pour son égal ACI. Tirez AD, sa parallèle HL, et le triangle ADL étant mis pour son égal ADH, la ligne AL sera le partage demandé.

PROPOSITION IX. Diviser le plan BE en deux également par une ligne menée de l'angle A (*fig.* 232).

Réduisez ce plan en triangle AEF (24 du IV). Coupez la base EF en deux au point G, et menez AG.

DÉMONSTRATION. Si le triangle AGE était entièrement dans le plan proposé BE, le partage serait fait; mais la partie CIH en étant dehors, il faut la faire rentrer comme il suit :

Menez CG, sa parallèle DL, la ligne LC; puis donnez le triangle IDG, pour son égal ICL. Tirez encore AC, sa parallèle LO, puis donnez le triangle AOH pour son égal CHL, et la ligne AO fera le partage demandé.

PROPOSITION X. Diviser le triangle ABC en trois parties égales par des lignes conduites au point D (*fig.* 233).

Diviser la base AB en trois parties égales AFEB. Menez CD et ses parallèles EG, FH. Tirez les lignes DG, DH, elles feront le partage du triangle.

DÉMONSTRATION. Supposé les lignes CE, CF, elles divisent le triangle ABC en trois triangles égaux. Mettez le triangle EGD pour son égal EGC; BDG sera égal au triangle BCE. Par la même raison ADH sera égal au triangle ACF; et DGCH à CEF.

PROPOSITION XI. Diviser le pentagone RS en trois parties égales par des lignes tirées du point F (*fig.* 234).

Réduisez ce pentagone en triangle DCH (15 du IV). Coupez CH en trois parties égales CABH. Menez DF et ses parallèles AG, BE. Tirez les lignes FG, FE, elles seront le partage du pentagone (suivant la précédente).

PROPOSITION XII. Tirez du point G une ligne qui divise le plan ACF en deux également (*fig.* 235).

Réduisez le plan proposé en triangle BCH (25 du IV). Divisez la base BH en deux au point I, et le triangle BCI sera moitié du triangle BCH. Menez DI, sa parallèle CK et la ligne IK, qui divisera le plan AC en deux également; car, mettant le triangle DIK pour son égal DKC, la partie IKDCBI sera égale au triangle BCI. Tirez GK, sa parallèle IL, et la ligne GL; puis donnez le triangle GKL pour son égale GKI. Tirez GE, sa parallèle LM, et la ligne GM, qui sera le partage demandé, en donnant le triangle GEM pour son égal GEL.

PROPOSITION XIII. Partager le pentagone ABO en trois parties égales par des lignes tirées du point F, en sorte que la ligne AF fasse une des divisions (*fig.* 236).

Réduisez le pentagone en triangle FGH (21 du IV). Coupez AD égale à HK, tierce partie de la base GH, et le triangle ADF vaudra un tiers du triangle FGH. Menez FI, sa parallèle DE, la ligne EF, et le triangle FIE étant mis pour son égal FID, le quadrilatère AFEI sera un tiers du pentagone. Coupez AL égale à AD, et le triangle ALF sera égal au triangle ADF, tiers du triangle FGH. Continuez AO vers M; menez LM parallèle à AF, et supposez la ligne FM, le triangle AFM sera égal au triangle AFL. Tirez FO, sa parallèle MN, la ligne FN, et donnant le triangle FON pour FOM son égal, le quadrilatère AFNO sera égal au triangle AFL.

PROPOSITION XIV. Partager en trois parties égales le pentagone régulier ACE par des lignes tirées du centre B (*fig.* 237).

Divisez le contour du pentagone en trois parties égales au point A, L, M (59 du III); de ces points A, L, M, menez des lignes au centre B, elles feront le partage demandé.

DÉMONSTRATION. Que chaque côté du pentagone soit divisé en trois parties égales, et que de chacune de ces parties on mène des lignes au centre B, le polygone sera divisé en 15 petits triangles, qui étant tous de même hauteur seront égaux. Or, il est évident que les lignes BA, BL, BM, comprennent entre elles trois parties qui renferment chacune 5 de ces triangles : donc ces trois parties sont égales.

PROPOSITION XV. *Diviser le triangle ABC en trois parties égales par des lignes menées au point D, pris hors le triangle (fig. 238).*

Divisez le triangle proposé en trois parties égales, par les lignes CE, CF (1). Dirigez CE, côté du triangle BCE, vers D (36 du IV), et vous aurez le triangle BGH pour le triangle BCE. Dirigez de même CF, côté du triangle ACF, vers le point D, et vous aurez AIK pour ACF, et GIKCH pour CEF.

PROPOSITION XVI. *Diviser le parallélogramme BD en quatre parties égales par des lignes conduites au point E (fig. 239).*

Coupez les côtés AD, BC, chacun en deux également aux points F, G. Menez FG, et la coupez en quatre parties égales FHIKG. Tirez les lignes EKN, EIM, EHL : elles feront la division du parallélogramme.

DÉMONSTRATION. Supposé les lignes TP, VM, XO, parallèles à AD, elles diviseront le parallélogramme BD en 4 autres parallélogrammes égaux BX, OV, MT, PD (41 du II), et mettant le triangle KXY pour KNO, qui lui est égal (59 du II), le quadrilatère BCYN, est égal au parallélogramme BCXO. Par la même raison le quadrilatère MNYV est égal au parallélogramme MOXV, et ainsi des autres.

PROPOSITION XVII. *Mener du point F des lignes qui partagent le pentagone ABD en trois parties égales (fig. 240).*

Réduisez le pentagone en triangle DGH (15 du IV). Divisez la base GH en trois aux points K, L, et menez DL, DK, qui diviseront le pentagone en trois parties égales (5). Continuez les côtés AB, DG, en I. Dirigez DL, côté du triangle DLI, vers le point F (36 du IV); c'est-à-dire faites du triangle DLI le triangle POI, ayant le côté PO; dirigez vers F. Faites de même le triangle ENR égal au triangle DEK.

PROPOSITION XVIII. Partager en trois également le triangle ABC par des lignes tirées aux points D, E, pris dans la base AB, qu'elles partagent en trois parties inégales (*fig.* 241).

Divisez AB en trois parties égales aux points N, O, et les lignes CO, CN, diviseront le triangle ABC en trois triangles égaux CBN, CNO, COA. Tirez CD, sa parallèle OG, et la ligne DG; mettez le triangle GOD pour son égal GOC, et ADG sera égal au triangle ACO. Menez CE, sa parallèle NH, et la ligne EH; mettez le triangle NHE pour son égal NHC, le triangle AEH sera égal aux deux triangles AOC, ONC; c'est-à-dire au seul ANC, et le quadrilatère BCHE le sera au troisième triangle BCN (5 du II).

PROPOSITION XIX. Soit le trapèze AC ayant les côtés proposés AB, CD, parallèles, donné pour être partagé en trois également par les points E, F, qui divisent la base AB en trois parties égales (*fig.* 242).

Divisez CD comme AB, c'est-à-dire en trois parties égales, puis menez les lignes FH, EG, qui feront le partage demandé (49 du II).

PROPOSITION XX. Soit le trapèze HK, qui a les côtés IK, KS, parallèles, à partager en trois parties égales par les points L, M, qui divisent inégalement la base HI (*fig.* 243).

Coupez les côtés parallèles HI, KS, chacun en trois également aux points D, N, R, O, et les lignes DR, NO, diviseront le trapèze proposé en trois quadrilatères égaux IKDR, RDNO, ONSH (précédente). Menez DM, sa parallèle RT, et donnant le triangle DMT pour son égal DMR, la ligne MT coupera le quadrilatère IMTK, égal au quadrilatère IRDK. Menez LN, sa parallèle OP, et la ligne LP coupera le quadrilatère ILPK, égal au quadrilatère IONK ; et LPSH restera égal au quadrilatère ONSH (5 du II).

Proposition XXI. Des points D et C pris comme on voudra dans la base AI, partager le quadrilatère AB en trois parties égales (*fig.* 244).

Réduisez le quadrilatère proposé en triangle AEF (7 du IV).

Coupez la base AF en trois parties égales FVGA : les lignes EG, EV diviseront le triangle AEF en trois triangles égaux.

Menez CE, sa parallèle GH, la ligne CH ; et le triangle CEH étant mis pour son égal CEG, le quadrilatère ACHE sera égal au triangle AGE. Tirez DE, sa parallèle VT, la ligne DT : donnez le triangle DET pour son égal DEV, le quadrilatère ADTE sera égal au triangle AEV ; et le quadrilatère DIBT le sera au triangle EFV (5 du II).

Proposition XXII. Diviser du point D le plan BV en deux parties qui soient entre elles comme les deux parties de la ligne RS (*fig.* 245).

Réduisez le plan BV en triangle BCK (19 du IV) ; coupez BK en M, comme RS est coupée en E ; tirez CM, et les triangles BCM, MCK seront entre eux comme leurs bases, c'est-à-dire comme les parties de la ligne RS (47 du II). Continuez le côté CP vers O ; menez CD, sa parallèle MO, la ligne DO, et mettez le triangle CDO pour son égal CDM. Menez DP, sa parallèle OI, et la ligne DI sera le partage demandé : car le triangle DPI étant donné par son égal DPO, la partie BI sera égale au triangle BCM, et la partie DV le sera au triangle MCK (5 du II).

PROPOSITION XXIII. Partager le plan CF en trois parties égales sur trois parties égales AILB (*fig.* 246).

Prolongez de part et d'autre le côté DE, qui est parallèle à la base AB. Réduisez le plan CF en quadrilatère GABH. Divisez GH en trois parties égales GNOH. Menez des lignes IN, LO, qui diviseront le quadrilatère ABGA en trois quadrilatères égaux GAIN, NILO, OLBH (49 du II). Menez DL, sa parallèle OP, et les lignes IN, LP seront le partage demandé.

DÉMONSTRATION. Le trapèze EAIN étant commun aux deux triangles égaux AEG, AEF; la première partie AINEF, est égale au quadrilatère AING. De même, le trapèze ILDN étant joint aux deux triangles égaux LDP, LDO; la seconde partie ILPDN est égale au quadrilatère ILON (5 du II), et la troisième partie LBCP, est égale au quadrilatère LBHO.

PROPOSITION XXIV. Partager le plan CF en deux parties qui soient entre elles comme les parties AN, NB, de la base AB (*fig.* 247).

Menez par le point E la ligne OH, parallèle à AB. Réduisez le plan proposé CF en trapèze ABHO. Prolongez HB, OA jusqu'à leur rencontre en P. Du point P, menez PNI, qui divisera OH en I, comme AB l'est en N : et les quadrilatères ANIO, BNIH seront entre eux comme leurs bases AN, BN (49 du II). Tirez EN, sa parallèle IL, puis LN, qui sera le partage demandé.

DÉMONSTRATION. Si on ajoute aux triangles égaux BEH, BEF, le commun BEN; les quadrilatères BNEH, BNEF, seront égaux : desquels ôtant les triangles égaux ENI, ENL, savoir ENI, du quadrilatère BNEH; et ENL du quadrilatère BNEF; le quadrilatère BNLF, restera égal au quadrilatère BNIH; et le plan proposé CF, étant égal au trapèze ABOH, sa partie NLC, restera aussi égale au quadrilatère AINO. Donc la ligne NL partage le plan CE, comme NI partage le trapèze ABOH, savoir en deux parties qui sont entre elles comme leurs bases AN, BN.

PROPOSITION XXV. Partager le triangle ABC en trois parties égales par des lignes parallèles au côté AC (*fig.* 248).

Divisez en trois parties égales AEDB, et les lignes CE, CD diviseront le triangle ABC en trois triangles égaux. Décrivez le demi-cercle AGB. Elevez les perpendiculaires EH, DG. Du point B, décrivez les arcs HP, GR. Menez les parallèles demandées PF, RV.

DÉMONSTRATION. Le triangle ABC est divisé en trois triangles égaux par les lignes CE, CD, le triangle BPF est égal à BCE, et BRV l'est à BCD (33 du IV).

PROPOSITION XXVI. Partager le parallélogramme AC en trois parties égales par des lignes parallèles aux côtés AD, BC (*fig.* 249).

Coupez les côtés CD, AB, chacun en trois parties égales aux points E, F, G, H. Menez les lignes EG, FH, elles seront le partage demandé (41 du II).

PROPOSITION XXVII. Diviser le trapèze régulier AIML en trois parties égales par des lignes parallèles au côté AL (*fig.* 250).

Divisez les côtés AL, IM, chacun en deux également aux points OP. Menez OP et la coupez en trois parties égales P, S, R, O. Tirez par les points S, R les parallèles demandées VY.

DÉMONSTRATION. Suppose la ligne NOG, parallèle à VY. Les parallélogrammes AX, ZV, YN, sont égaux (41 du II). Le triangle est égal au triangle MNO (59 du 11), ainsi mettant l'un pour l'autre, le trapèze IYVM est égal au parallélogramme NVYG.

PROPOSITION XXVIII. Diviser le quadrilatère ABCD en deux parties égales par une ligne parallèle au côté BD (*fig.* 251).

Continuez les côtés AB, CD jusqu'en E. Réduisez le quadrilatère proposé en triangle BDF (7 du IV). Coupez la base BF en deux également en G ; coupez EI, moyenne proportionnelle entre EG et EB; menez IL, parallèle à BD, elle coupera le quadrilatère proposé en deux également.

DÉMONSTRATION. Les triangles ADF, ADC sont égaux, et si l'on en retranche le commun ADO, les triangles DOC, AFO, restent égaux, et joignant à ces triangles égaux le quadrilatère CEFO ; le triangle ACE, est égal au triangle DEF (4 du II). Les lignes EG, EI, EB, sont proportionnelles, les triangles EGD, EBD, sont de hauteur égale : donc le triangle ILE qui est semblable au triangle BED (57 du II), est égal au triangle DEG (67 du II). Or, ôtant de ces triangles égaux EGD, EIL, les égaux, savoir DEF du triangle EGD, et ACE du triangle EIL, reste ACLI, égal à DFG, moitié du triangle BDF, qui est fait égal au quadrilatère BC, donc.....

PROPOSITION XXIX. Partager le quadrilatère AC en deux également par une ligne qui soit parallèle au côté BC (*fig.* 252).

Réduisez le quadrilatère proposé en triangle ADF. Divisez AF en deux parties égales au point G, et menez DG. Prolongez les côtés AB, DC, en E. Menez GI parallèle à BC. Coupez EL, moyenne proportionnelle entre EI, ED. Menez la ligne demandée LM, parallèle à BC.

DÉMONSTRATION. Les triangles DEG, IEG, eu égard à leurs bases DE, EI, sont de même hauteur. Le triangle EIM, est semblable à GEI : donc il est égal à DEG (67 du II). Le triangle BDF est égal au triangle BDC : donc SCD, BFS sont égaux ; en y joignant le quadrilatère CEFS, DEF est égal à BCE, et retranchant DEF, de DEG, et BCE de ELM, reste BCM égal au triangle DFG. Le triangle AFD, est fait égal au quadrilatère AC, DFG est moitié de AFD : donc BCLM qui est égal à DFG, est moitié du quadrilatère AC.

PROPOSITION XXX. Partager l'exagone régulier AD en quatre parties égales par des lignes parallèles à la diagonale CF (*fig.* 253).

Divisez les trapèzes ABCF, CDEF, chacun en deux parties égales (28).

Proposition XXXI. Partager l'exagone ABD en trois parties égales qui soient concentriques (*fig.* 254).

Du centre G, menez des rayons à tous les angles de l'exagone; coupez un de ces rayons, par exemple AG, en trois parties égales AIHG; coupez NG, moyenne proportionnelle entre GA et GI; coupez aussi GO, moyenne proportionnelle entre GA et GH. Menez de rayon en rayon les parallèles NNN, OOO, qui seront le partage demandé.

Démonstration. Les parallèles NN, OO, divisent le triangle DGC en trois parties égales (25), et les autres triangles sont divisés de même manière (51 du II) : donc (4 du II) l'exagone est partagé en trois parties égales.

Proposition XXXII. Du carré AC en faire trois qui soient égaux entre eux (*fig.* 255).

Divisez CD en trois parties égales DEFC. Décrivez le demi-cercle DNC. De la première division E, élevez la perpendiculaire EN, et le carré de DN sera égal au rectangle AE (45 du II), lequel rectangle faisant un tiers du carré AC, trois carrés comme LN seront égaux, pris ensemble au même carré AC. La même chose doit s'entendre de tout autre plan (71 du II) : ainsi l'exagone O (*fig.* 256) vaut un tiers de l'exagone P; et le cercle X (*fig.* 257) est triple du cercle V.

Proposition XXXIII. Du carré AC en faire trois autres qui soient entre eux comme les rectangles AE, RF, VC (*fig.* 258).

Décrivez le demi-cercle DOC; élevez la perpendiculaire EH, et DH sera le côté d'un carré égal au premier rectangle (précédente). Coupez DI égale à EF, et supposez la perpendiculaire IN, la ligne DN sera le côté d'un carré égal au rectangle RF; coupez de même DL égale à CF; élevez la perpendiculaire LO, et DO sera le côté d'un carré égal au troisième rectangle CV.

CHAPITRE VI.

Manière d'assembler les plans, de les retrancher les uns des autres, et de les agrandir ou diminuer selon quelque quantité proposée.

PROPOSITION Ire. Décrire un triangle égal aux trois plans A, B, C (*fig.* 259).

Menez FL, parallèle à la ligne DM. Faites le triangle GHI, égal au plan B (23 du IV); faites aussi le triangle KLM, égal au plan C. Tirez PS, coupez PR, RT, TS, égales aux bases DE, GI, KM. Elevez la perpendiculaire PV, égale à la perpendiculaire NO. Tirez SV, et le triangle PSV sera égal aux trois plans proposés.

PROPOSITION II. Assembler plusieurs plans rectilignes et semblables A, B, C, D, en un seul qui leur soit aussi semblable (*fig.* 260).

Tirez EF égale à la base du premier plan A. Abaissez la perpendiculaire FG égale à la base du deuxième plan B, et la ligne EG sera le côté d'un semblable plan, égal aux deux A et B (71 du II). Elevez sur EG la perpendiculaire GH, égale à la base du troisième plan C, et EH sera le côté d'un plan égal aux trois A, B, C. Elevez enfin sur EH la perpendiculaire HI, et EI sera le côté du polygone ou plan demandé O.

Proposition III. Décrire un cercle égal aux trois cercles
A, B, C (*fig.* 261).

Tirez la ligne EF, égale au diamètre A. Elevez la perpendiculaire FG, égale au diamètre B, puis menez EG. Elevez GH perpendiculaire sur EG, et la coupez égale au diamètre C. Le cercle décrit sur le diamètre EH sera égal aux trois proposés (précédente).

Proposition IV. Retrancher du triangle ABC une partie égale au pentagone D (*fig.* 261).

Menez CI parallèle à la base AH. Réduisez le pentagone D en triangle EHI (23 du IV). Coupez AN égale à la base EH, et menez CN : le triangle ACN sera la partie retranchée égale au pentagone D.

Proposition V. Oter du plan AEB une partie égale au triangle AFG (*fig.* 263).

Continuez le côté CB vers I, et CD vers M. Menez BF, sa parallèle GI, la ligne FI, et le triangle FBI sera égal au triangle FBG. Tirez CF, sa parallèle IM, la ligne FM, et le triangle FCM sera égal au triangle FCI. Menez enfin DF, sa parallèle MN ; et mettant le triangle FDN pour son égal FDM, la ligne FN retranchera la partie demandée AN, égale au triangle AFG.

Proposition VI. Réduire une figure en petit.

Soit la base AF sur laquelle on veut décrire une figure semblable à BM (*fig.* 264).

Du point A, tirez les rayons AE, AD, AC. Menez FG parallèle à BC; GH parallèle à CD...... (57 du II).

Proposition VII. Soit à décrire une figure semblable à la figure AD sur la base GH (*fig.* 265).

Faites un triangle isocèle LRK ayant les côtés RL, RK, égaux à la base AB; et LK égal à la base GH. Prolongez les côtés égaux RL, RK. De l'angle R et de l'intervalle AF, décrivez OP, et la corde OP sera la longueur du côté GY. Du point R et de l'intervalle BF, décrivez ST, et la corde ST sera la longueur de la sous-tendante HY : ainsi du reste.

Démonstration. Les triangles ROP, RLK, RST sont semblables (58 du II); ainsi, comme RL à LK, ou leurs égales AB à GH ; RO à OP, ou leurs égales AF à GY : RS à ST, ou leurs égales BF à HY : donc les triangles ABF, GHY sont semblables (55 du II).

Nota. Il faut observer qu'encore que cette pratique soit particulièrement pour réduire une figure de grand en petit sur une base proposée, néanmoins elle peut aussi servir à réduire une figure de petit en grand, pourvu que la base proposée n'aille pas au-delà du double de son homologue.

Proposition VIII. Décrire un polygone semblable au polygone AH, mais plus petit de moitié, c'est-à-dire contenant la moitié moins de surface (*fig.* 266).

Coupez AB en deux au point C; continuez AB, et coupez AD égale à AC. Elevez AE, moyenne proportionnelle entre AD et AB. Tirez la base PG égale à la moyenne AE : faites le polygone demandé PGI (précédente).

Démonstration. Les polygones H, I, étant semblables, ils sont en raison double de leurs côtés homologues AB, PG; c'est-à-dire que le polygone H est au polygone I, comme la base AB à la troisième proportionnelle AD (69 du II), AB est double de AD : donc le polygone H est double du polygone I ; ou ce qui est la même chose, le polygone I, est moitié du polygone H.

Proposition IX. Diminuer le carré AD de la valeur du plan E (*fig.* 267).

Réduisez le carré proposé en triangle ACF (2 du IV); réduisez aussi le plan E en triangle GHI, de la hauteur du triangle ACF (23 du IV). Coupez la base FK égale à la base GH, et tirez CK, qui donnera le triangle CFK, égal au plan E. Du triangle restant ALK, faites le parallélogramme AL (6 du IV). Du parallélogramme AL, faites le carré AO (28 du IV); et le gnomon GOB, retranché du carré AD, sera égal au plan E.

PROPOSITION X. Retrancher de l'exagone irrégulier ABD un autre exagone semblable, la différence des deux restant égale au plan G (*fig.* 268).

Faites le triangle BCF égal à l'exagone ABD (19 du IV); faites aussi le triangle FCK égal au plan G (23 du IV). Coupez BO, moyenne proportionnelle, entre BK et BF. Menez ON, parallèle à CF. Décrivez sur BN un exagone NR semblable à l'exagone proposé AC (6); et la différence des deux exagones sera égale au plan G.

DÉMONSTRATION. Les bases BF, BO, BK sont proportionnelles : ainsi le triangle BNO semblable au triangle BCF (57 du II), est égal au triangle BCK (67 du II). Les triangles semblables BNO, BCF sont en raison double de leurs côtés homologues BN, BC; et les hexagones semblables RNH, ACE sont aussi en raison double des mêmes côtés BN, BC (69 du II) : donc comme le triangle BCF est au triangle BNO, l'exagone ACE est à l'hexagone RNH; et par échange, le triangle BNO est à l'exagone RNH comme le triangle BCF est à l'hexagone ACE. Le triangle BCF est fait égal à l'exagone ACE; donc le triangle BNO est égal à l'exagone RNH. Le triangle BNO est prouvé égal au triangle BCK : donc l'exagone RNH est égal au triangle BCK. Et puisque le triangle BCF est égal à l'exagone ACE, la différence des deux exagones est égale au triangle KCF, qui est fait égal au plan G.

PROPOSITION XI. Réduire une figure en grand. Doubler et quadrupler le carré BD (*fig.* 269).

Prolongez AD, AC, AB; et du point A, décrivez l'arc CE. Faites le carré EG, il sera double du carré BD. Du point A décrivez encore l'arc FH, le carré HI sera double du carré GE, et quadruple du carré proposé BD.

DÉMONSTRATION. L'angle D étant droit, et les côtés AD, DC égaux; le carré AC ou de AE son égal, c'est-à-dire EG, est double du carré BD (46 du II). Par la même raison, le carré HI, est double du carré EG, et par conséquent quadruple du carré BD.

Que si on faisait un carré sur la base AL, il serait double du carré HI, quadruple du carré GE et octuple du carré DB.

PROPOSITION XII. Doubler, tripler et quadrupler le plan BC (*fig.* 270).

Prolongez AB vers M, et tirez les rayons ADN, ACE. Réduisez la perpendiculaire BR égale à AB. Du point A, décrivez l'arc RH. Faites sur AH le pentagone HK, semblable au proposé (6). Tirez RV parallèle à BG, et coupez RS égale à BH. Du point A, décrivez l'arc SO. Faites sur AO le pentagone OQ.....

DÉMONSTRATION. Les lignes AB, BR sont égales, et font un angle droit : donc le pentagone fait sur AR ou AH son égale, est double du pentagone BC (71 du II). La ligne HS est égale à la base AB, et AH est la base d'un pentagone double, AS ou son égale AO est la base d'un pentagone égal aux deux pentagones BC, HK (71 du II): donc le pentagone OQ est triple du pentagone proposé BC. Par la même raison le pentagone ME est quadruple, et celui qui sera fait la base AG, sera quintuple.

PROPOSITION XIII. Multiplier le cercle BCD autant qu'on voudra (*fig.* 271).

Continuez le rayon AC hors le cercle. Abaissez la perpendiculaire CN, égale à AC. Du centre A décrivez le cercle NLK, il sera double du cercle donné BCD (précédente). Menez NO, parallèle à CG, puis coupez NM égale à CL. Du centre A, décrivez le cercle M, il sera triple du cercle proposé, et le suivant sera quadruple.

PROPOSITION XIV. Décrire un polygone qui soit au polygone H, en raison de trois à deux (*fig.* 272).

Coupez la base OR en deux parties égales, et en donnez trois à RS. Trouvez RT, moyenne proportionnelle, entre OR et RS. Tirez MN égale à RT, elle sera la base du polygone demandé. Voy. la 8e.

Proposition XV. Décrire sur la base EF une figure semblable à la figure AG (*fig.* 273).

Faites comme il vous plaira l'angle IGH. Coupez GL égale à la base AB, GM égale à la base EF, puis tirez LM. Coupez GN égale à AD; menez LO parallèle à LM, et GO sera la longueur du côté EP. Ayant aussi coupé GI égale à BD, et mené la parallèle IH, GH sera la longueur de la sous-tendante EP : ainsi du reste.

Démonstration. Les lignes IH, LM, NO étant parallèles; GH est coupée en O, M, comme GI est coupée en N, L; ainsi les lignes GN, GL, GI, qui sont coupées égales aux trois côtés du triangle ABD, sont entre elles comme les lignes GO, GM, GH, auxquelles les côtés du triangle EFP sont coupés égaux : donc le triangle EFP a ses côtés proportionnels à ceux du triangle ADB, et par conséquent les deux triangles EFP, ABD, sont semblables.

CHAPITRE VII.

DU TOISÉ DES PLANS.

Dans ce chapitre, l'on enseigne à mesurer les plans; et la mesure qu'on y emploie est la toise. La toise a 6 pieds métriques de longueur, et le pied de 12 pouces, et le pouce de 12 lignes métriques (33 centimètres 1/3). Le gouvernement n'en reconnaît pas d'autres aujourd'hui. Lorsque la toise est multipliée par elle-même elle produit une toise carrée. On voit que le carré AG (*fig.* 274) qui contient 36 petites superficies carrées, est le produit de la ligne AB multipliée par elle-même ou par son égale BG, c'est-à-dire, 6 par 6; et que si AB était de 12 parties égales, le carré AG comprendrait 144 petits carrés égaux, qui seraient le produit de 12 par 12, ainsi : la toise carrée a 36 pieds carrés, le pied carré 144 pouces carrés, et le pouce carré 144 lignes carrées.

Les grands terrains se mesurent par perches et par arpens, et alors cette partie de la géométrie est appelée arpentage. La perche est plus ou moins grande selon les lieux. A Paris elle est de 18 pieds sur 18 pieds ou 324 pieds carrés (0,3419). 100 perches carrées font un arpent carré. (*Voyez* l'introduction.)

Des toises multipliées par des toises produisent des toises carrées, des mètres multipliées par des mètres produisent des mètres carrés, des pieds multipliés par des pieds donnent des pieds carrés, la même chose doit s'entendre des pouces et des lignes.

Des toises multipliées par des pieds, produisent des pieds courans sur toise, c'est-à-dire des rectangles qui ont une toise de longueur et un pied de largeur. Des toises multipliées par des pouces, donnent des pouces courans sur toise, c'est-à-dire, des rectangles d'une toise de longueur et d'un pouce de largeur; comme des toises multipliées par des lignes donnent des rectangles d'une toise de longueur et d'une ligne de largeur.

Des pieds multipliés par des pouces, produisent des pouces sur pieds, c'est-à-dire, des rectangles d'un pied de long et d'un pouce de large. Des pieds multipliés par des lignes donnent des lignes sur pieds, qui sont des rectangles d'un pied de long et d'une ligne de large; des pouces multipliés par les lignes, produisent des lignes sur pouces, qui sont des rectangles d'un pouce de long, et d'une ligne de large :

Six pieds sur toise font une toise carrée.
Douze pouces sur toise font un pied sur toise.
Douze lignes sur toise font une pouce sur toise.
Douze pouces sur pied font un pied carré.
Douze lignes sur pied font un pouce sur pied.
Douze lignes sur pouce font un pouce carré.
Six pieds carrés font un pied sur toise.
Douze pouces carrés font un pouce sur pied.
Douze lignes carrées font une ligne sur pouce.

PROPOSITION I. Mesurer la surface du rectangle AC (*fig.* 275).

Mesurez la longueur AB et la longueur AD, et supposez que l'une se trouve être de 12 mètres, et l'autre de 6; multipliez 12 par 6, le produit 72 mètres carrés sera la surface du rectangle.

Si AB (*fig.* 276) se trouve valoir 5 toises 3 pieds, et BC 4 toises, multipliez les toises par les toises, 4 par 5,

puis les 4 toises par les 3 pieds, et vous aurez le produit 20 toises carrées et 12 pieds sur toise, qui feront encore deux toises carrées : ainsi le rectangle AC sera de 22 toises carrées............ 5 — 3
                                4 — 0

Toises carrées... 20 — 12 pieds sur toises.

Mais si AB (*fig.* 277) était de 5 toises 3 pieds, et BC de 4 toises 2 pieds, il faudrait multiplier les 5 toises par les 4, qui produiraient 20 toises carrées; puis ensuite multiplier les 5 toises par les 2 pieds, ainsi que les 4 toises par les 3 pieds, qui produiraient 22 pieds sur toise ; multiplier les pieds par les pieds, 2 par 3, qui produiraient encore 6 pieds carrés, c'est à-dire 1 pied sur toise, qui étant joint aux 22 ferait 23; de ces 23 en tirer 18, c'est-à-dire, 3 toises carrées pour les joindre aux 20 autres, et le rectangle AC se trouverait contenir 23 toises carrées et 5 pieds sur toise, ou 30 pieds carrés.

DÉMONSTRATION. On voit ici les 20 toises carrées dans les rectangles AE, les 22 pieds sur toise dans les rectangles DE, BE, et les 6 pieds carrés dans le rectangle CE, ainsi :

  5 toises 3 pieds ⎱ et 20 toises 10 pieds courans sur
× 4 toises 2 pieds ⎰   toise.
fait 20 — 10   ⎱ — 12 pieds, *idem.*
                  ⎰ — 6 pieds carrés, ou 1 pied
                         courant sur toise
              ⎰ fait prod. 23 t. 5 pieds courans sur toise.

Que si enfin le rectangle AR (*fig.* 278), avait les côtés OA AK, chacun de deux toises, deux pieds et trois pouces; il faudrait multiplier les deux toises AD par les deux toises AC, qui produiraient 4 toises carrées pour le carré AB. Multiplier les 2 toises AD, par les deux pieds CF, de même que les deux toises AC par les deux pieds DH, qui produiraient 8 pieds sur toise, c'est-à-dire, une toise carrée et deux pieds sur toise, pour les deux rectangles BF, BH. Multiplier les 2 pieds DH par les 2 pieds CF, qui produiraient 4 pieds carrés pour le contenu du rectangle EG. Multiplier les 2 toises AD par les 3 pouces FK, de même que les deux toises AC par les trois pouces HO, qui produiraient 12 pouces sur toises, c'est-à-dire, un pied sur toises pour les deux rectangles EK, GO. Multiplier les 2 pieds DH, par les 3 pouces FK et les 2 pieds CF, par les 3 pouces HO, qui produiraient 12 pouces courans sur pied, c'est-à-dire, 1 pied carré pour le contenu des deux rectangles IL, IM. Multiplier enfin les 3 pouces HO, par les 3 pouces FK, qui produiraient 9 pouces carrés pour le contenu du petit carré IR; et l'addition de tous ces produits étant faite, on trouverait que le carré AR contiendrait 5 toises, 23 pieds et 9 pouces carrés, AD 2 toises, DH 2 pieds, HO 3 pouces, AC 2 toises, CF 2 pieds, FK 3 pouces.

Pour éviter toutes ces différentes multiplications de toises par pieds et par pouces, qui effectivement sont fort embarrassantes, on pourrait réduire les 2 toises AD et les 2 pieds DH en pouces; tout le côté AO se trouverait avoir 171 pouces, et AK lui étant égal, il n'y aurait qu'à multiplier 171 par 171; le produit serait 29241 pouces carrés, d'où ayant tiré les pieds, et des pieds les toises; on trouverait comme ci-dessus, 5 toises 23 pieds 9 pouces carrés pour le contenu du rectangle AR.

PROPOSITION II. Trouver la surface du parallélogramme EFGH (*fig.* 279).

Multipliez la base EF par la perpendiculaire EN, 8 par 3, et le produit 24, qui sera la surface du parallélogramme EFLN (1), sera aussi la surface du parallélogramme proposé (40 du II).

PROPOSITION III. Trouver la surface du triangle ABC (*fig* 280).

Multipliez la base AB par la moitié de la perpendiculaire CD, c'est-à-dire, 6 par 4, ou la perpendiculaire par la moitié de la base, 8 par 3, et le produit 24 sera la surface du triangle (3 et 6 du IV).

PROPOSITION IV. Trouver la surface du quadrilatère GL, dont les côtés GH, IL, sont parallèles (*fig.* 281).

Mesurez les côtés parallèles IL, GH, la perpendiculaire

8

NI, et supposez que IL se trouve être de 12 mètres, GH de 26, NI de 14; joignez les 12 mètres du côté IL aux 26 de la base GH, comme si vous aviez à réduire le quadrilatère en triangle GIM (2 du IV): multipliez la base GM par la moitié de la perpendiculaire NI, c'est-à-dire, 38 par 7, et le produit 266 mètres carrés sera la surface du triangle IGM (3), et par conséquent du quadrilatère proposé qui lui est égal.

PROPOSITION V. Trouver la surface du quadrilatère ABCD (*fig.* 282).

Mesurez la diagonale AC, les perpendiculaires DE, BF, et supposez que ces lignes se trouvent être, la 1re de 20 mètres, la 2e de 12, et la 3e de 10; multipliez AC par la moitié de la perpendiculaire DE, le produit 120 sera la surface du triangle ACD. Multipliez aussi AC par la moitié de BF, le produit 100 sera la surface du triangle ABC (3). Additionnez ces deux produits, et leur somme, 220 mètres carrés, sera la surface du quadrilatère proposé. On trouvera les mêmes 220 mètres en multipliant la somme des deux perpendiculaires BF, DE, qui est 22 par 10, moitié de la ligne AC.

PROPOSITION VI. Trouver la surface d'un polygone régulier (*fig.* 283).

Multipliez la perpendiculaire AB par la moitié de la base CD, et vous aurez la surface du triangle ACD. Multipliez la surface de ce triangle par le nombre des triangles du polygone, et le produit sera la surface du polygone proposé. Autrement, multipliez les 6 côtés du polygone par la moitié de la perpendiculaire, ou toute la perpendiculaire AB par la moitié des côtés (17 du IV).

PROPOSITION VII. Trouver la surface d'un polygone irrégulier (*fig.* 284).

Divisez le polygone par triangles, mesurez chaque triangle (3), et faites une addition du tout. Autrement, réduisez le polygone en triangles NMS (18 ou 19 du IV), puis multipliez la perpendiculaire NO par PS, moitié de la base MS.

PROPOSITION VIII. Trouver la surface d'un cercle (*fig.* 285).

Multipliez la demi-circonférence ACB par le rayon CD, le produit sera la surface du cercle, ou la circonférence par la moitié du rayon.

DÉMONSTRATION. Si le cercle ABC était réduit en triangle DEF, (43 du IV); la base EF serait égale à la circonférence du cercle; et CF moitié de EF, le serait à la demi-circonférence ACB ; ainsi DC multipliée par CF, donnerait le même produit qu'elle donnerait étant multipliée par la demi-circonférence; le produit de CD multiplié par CF, serait la surface du triangle (3) : donc le produit de CD multiplié par la demi-circonférence, est la surface du cercle, autrement le cercle et le triangle ne seraient pas égaux.

PROPOSITION IX. La valeur du diamètre d'un cercle étant donnée, trouver la valeur de la circonférence (*fig.* 285).

On remarque que le diamètre est à la circonférence de son cercle à peu près comme 7 est à 22 : ainsi, supposé que le diamètre proposé AB soit de 28 pouces, vous trouverez la valeur de la circonférence demandée par une règle de proportion, en disant : si 7 donnent 22, combien 28 ? le produit 88 sera la valeur de la circonférence.

PROPOSITION X. Mesurer le demi-cercle DOF (*fig.* 286).

Multipliez l'arc DO, moitié de la demi-circonférence DOF par le rayon DS.

PROPOSITION XI. Trouver la surface du secteur POR (*fig.* 286).

Multipliez le rayon PS par OP, moitié de l'arc POR, ou bien multipliez tout l'arc POR par la moitié du rayon PS.

Proposition XII. Trouver la surface d'un grand segment de cercle ABC (*fig.* 287).

Cherchez la surface du secteur ABCD (précédente), puis la surface du triangle ACD (3).

Proposition XIII. Trouver la surface du petit segment EFG (*fig.* 288).

Tirez au centre de l'arc les rayons EH, GH ; cherchez la surface du secteur HEFG (11) ; ôtez de ce secteur la surface du triangle EGH, et le reste sera la surface du segment proposé.

Proposition XIV. Trouver la surface de l'ovale AF (*fig.* 289).

Mesurez les secteurs ACBI, DEFL, BHFN, AGDM (11); de la somme de ces 4 secteurs retranchez la surface du losange CGLH, qui est commun aux deux grands secteurs, et ce qui restera sera la surface de l'ovale. Autrement (*fig.* 290), multipliez les deux diamètres l'un par l'autre, 15 par 10, le produit sera 150. Multipliez cette somme 150 par 11, et divisez le produit 1650 par 14, le quotient 117 6/7 sera à peu près la surface de l'ovale.

Proposition XV. Trouver la surface d'un terrain dont le contour est tout-à-fait irrégulier (*fig.* 291).

Il faut rectifier les ondoiemens de ce terrain par plusieurs lignes droites que l'on conduira avec cette discrétion qu'elles laissent d'un côté, le plus exactement qu'il sera possible, la valeur du terrain qu'elles retrancheront de l'autre, puis trouver la surface demandée par la septième.

Proposition XVI. Trouver la surface d'une sphère.

Pour trouver la surface d'une sphère, il faut multiplier la circonférence d'un de ses grands cercles par son diamètre : ainsi, soit une sphère dont le diamètre soit

0^m,35 centimètres, la surface de cette sphère sera (0^m,35^c × 3,14159) × 0,35^c = mètres cubes 0^{m}384844775; et si l'on veut connaître le volume de cette sphère, il suffit de multiplier ce produit par le tiers du rayon, qui, ici, sera de 0^m,058 1/3.

~~~~~~~~~~~~~~~~~~~~~~~~~~~~~~~~~~~~~~

CHAPITRE VIII.

Trigonométrie ou triangles rectilignes par le calcul.

Dans ce chapitre on ne s'attache qu'à trouver par le calcul quelque terme dans un triangle, comme un côté ou un angle qu'on ne peut, ou du moins qu'on suppose ne pouvoir être mesuré actuellement.

Pour trouver dans un triangle la valeur d'un angle ou d'un côté, par le calcul, il faut avoir trois autres termes connus dans le même triangle comme :

    Deux côtés et un angle, ou
    Deux angles et un côté, ou
    Trois côtés.

Il faut savoir de plus que les angles n'entrent en aucun calcul analogique par le nombre de leurs degrés, mais par leurs nombres ou leurs lignes qu'on appelle sinus, tangentes, et sécantes; et c'est de ces lignes qu'il faut d'abord vous donner connaissance par une figure géométrique.

Soit le demi-cercle ABD (*fig.* 292). Le rayon CD perpendiculaire sur CB, le point E pris à volonté dans la circonférence, la perpendiculaire EF. La parallèle EH, la ligne CG, rencontrant la perpendiculaire BG ; on appelle :

La ligne
{
 CD ou CB, sinus total, ou sinus de l'angle droit;
 BCD, EF sinus droits des angles BCE, ECK.
 EH sinus de complément, son arc BE avec l'arc du sinus droit BE, fait le quart de cercle. BH, tangente de l'angle BCE.
 CG, sécante du même BCE.
}

Si l'on suppose autant de sinus droits EF, et autant de tangentes et de sécantes qu'il y a de minutes dans le quart de cercle BD, il est évident que ce seront autant de lignes de différentes longueurs, qui seront d'autant plus courtes que le point sera plus éloigné du sinus total CD; et que faisant valoir ce sinus, ce sinus total 100,000 ou 10,000,000 de parties égales, les autres lignes seront toutes de valeurs différentes, répondant aux différentes ouvertures des angles dont elles seront, ou les sinus, ou les tangentes, ou les sécantes : et c'est de ces divers sinus, tangentes, sécantes qu'on a composé des tables, dont nous allons expliquer l'ordre pour venir ensuite à leur usage. Il y a ordinairement deux tables pour un degré, ainsi chaque table est de 30 minutes. Une table a six colonnes, la première contient les minutes avec les degrés marqués au haut ou au bas. La seconde contient les sinus qui répondent par ordre aux minutes. La troisième contient les tangentes, et la quatrième les sécantes. Les deux autres colonnes sont composées de ces sinus et tangentes qu'on appelle logarithmes. Ces tables qui occupent chacune une page, sont accouplées de manière que les sinus, tangentes et sécantes de l'une, sont les supplémens des sinus, tangentes et sécantes de l'autre; c'est-à-dire, que prenant un sinus dans la table de la main droite, celui qui est vis-à-vis dans la table de la main gauche, est son sinus de supplément ; qu'au contraire prenant un sinus dans la table de la main gauche, celui de la droite en sera le supplément; de sorte que les angles des deux sinus qui se regardent, valent ordinairement, pris ensemble, un angle droit; et la même chose doit s'entendre des tangentes et des sécantes.

Toutes les tables de la main gauche vont de degré en degré, depuis un jusqu'à 45, et celles qui sont à droite, continuent aussi de degré en degré, jusqu'à 90, mais en rétrogradant de la fin du livre vers le commencement; de manière que la première et la dernière table se trouvent à l'entrée du livre vis-à-vis l'une de l'autre. Tout cela étant expliqué, il ne vous sera pas difficile de trouver dans ces tables le sinus, la tangente ou la sécante d'un angle proposé; non plus que d'y trouver la valeur d'un angle par son sinus, sa tangente ou sa sécante. On demande, par exemple, le sinus de 30 degrés 15 minutes, il n'y a qu'à voir dans la table de 30 degrés, à côté de 15 minutes, se trouvera le sinus demandé 5377. Et au contraire, parce que ce nombre 5377 se trouve dans la colonne des sinus, à côté de 15 minutes et dans la table de 30 degrés, vous concluez qu'il est le sinus d'un angle de 30 degrés 15 minutes, et ainsi des tangentes et des sécantes.

Proposition I. La valeur des deux angles A et B du triangle ABC, étant connue, trouver la valeur du troisième (*fig.* 293).

Que l'angle A soit de 40 degrés, et l'angle B de 60; les deux joints ensemble feront 100. Tous les trois angles A, B, C, en valent, pris ensemble, 180 (29 du II). Otez 100 de 180, restera 80 degrés pour l'angle C.

$$\begin{array}{r} ABC\ 180 \\ AB\ 100 \\ \hline C\ \ 80 \end{array}$$

USAGE DES SINUS.

Proposition II. La valeur des angles A et B et du côté AC étant connue, trouver celle du côté BC (*fig.* 294).

Prenez dans les tables le sinus de l'angle B, celui de l'angle A; le premier sera 86603, et le deuxième 64279. Faites ensuite une règle de proportion, disant : si le sinus d'un angle B 86603, donne 20 toises pour le côté opposé AC, que donnera le sinus de l'angle A 64279 pour le côté opposé BC?

La règle faite, vous aurez pour le côté BC 14 toises et plus, et les mêmes 14 toises se trouveront aussi par cette autre analogie :

Comme le sinus de l'angle B 86603 au sinus de l'angle A 64279, ainsi le côté AC 20 au côté BC 14.

Que si vous désirez venir à une plus grande précision, c'est-à-dire, si vous voulez avoir plus exactement la valeur du côté BC, sous-divisez les 20 toises du côté AC en pieds, et même en pouces et en lignes, s'il est nécessaire ; et au lieu de 20 toises mettez 120 pieds, ou 1440 pouces, ou 17280 lignes, que valent les 20 toises AC; et la règle faite comme ci-dessus, le côté CB se trouvera valoir 14 toises 5 pieds 9 lignes, et encore quelque chose de plus. Pour avoir la valeur du côté AB, il faudra chercher celle de l'angle C, qui se trouvera de 80 degrés (1). faites ensuite cette analogie ou proportion :

Comme le sinus de l'angle B 86603, au sinus de l'angle C 98481, ainsi le côté AC 20, au côté demandé AB 22.

PROPOSITION III. *La valeur des côtés AC, BC, et de l'angle A étant connue, trouver celle de l'angle B (fig. 294).*

Cherchez le sinus de l'angle A, et l'ayant trouvé de 45399, faites ainsi la règle de proportion :

Si le côté BC de 30 toises donne 45399 pour le sinus de l'angle A, combien donnera AC de 50 toises pour le sinus de l'angle B, et vous aurez pour réponse 75665 pour le sinus demandé.

Cherchez ce sinus dans les tables, et vous trouverez qu'il est d'un angle de 49 degrés 10 minutes. On peut faire aussi l'analogie suivante :

Comme le côté BC de 30 au côté AC de 50, ainsi le sinus de l'angle A 45399 au sinus de l'angle B 75665.

PROPOSITION IV. *Trouver la valeur du côté BC opposé à l'angle A, qui est obtus (fig. 295).*

Le sinus BE est commun aux deux angles BAC, BAD : d'où il s'ensuit qu'il peut être pris indifféremment pour l'aigu BAD de 50 degrés, comme pour l'obtus BAC de 130; mais il faut observer qu'il ne peut être trouvé dans les tables que par la valeur de l'angle aigu, les degrés des tables n'allant pas au-delà de 90; c'est pourquoi le sinus 76604, que nous prenons ici pour l'angle obtus BAC, doit être cherché par les 50 degrés de l'angle aigu BAD : cela connu, faites votre proportion ainsi :

Si le sinus de l'angle D 42262 donne 20 pour le côté AB, combien donnera le sinus de l'angle BAD 76604. La règle faite, le côté BC se trouvera valoir $36\frac{10648}{42231}$

USAGE DES TANGENTES ET DES SÉCANTES.

PROPOSITION V. L'angle A étant droit, et l'angle B connu avec le côté opposé, donner la valeur de la perpendiculaire AC et de l'hypothénuse BC (*fig.* 296).

Supposé l'arc AE, décrit du point B, la perpendiculaire AC sera tangente, BC sécante, et la base AB sinus total. Cherchez dans les tables la tangente et la sécante de l'angle B, vous trouverez 70021 pour l'une, et 122077 pour l'autre; puis faites les analogies suivantes, qui produiront la valeur des lignes AC, BC :

1° Comme le sinus total 100000 à la tangente 70021; de même la base AB 10 à la perpendiculaire AC 7.

2° Comme le sinus total 100000 est à la sécante 122077, aussi la base AB 10 à l'hypothénuse BC 12.

Autrement : comme le sinus total 100000 à la base AB 10, ainsi la tangente 70021 à la perpendiculaire AC 7, et la sécante 122077 à l'hypothénuse BC 12.

PROPOSITION VI. Les côtés AB, AC composant un angle droit étant connus, trouver l'hypothénuse BC (*fig.* 297).

Supposé le côté AB de 40 toises, et le côté AC de 30. Multipliez AB par lui-même, c'est-à-dire 40 par 40; le produit 1600 sera son carré. Multipliez aussi 30 par 30, et le produit 900 sera le carré du côté AC (1 du VII). Additionnez ces deux carrés, et de leur somme 2500 tirez la racine carrée, qui sera la valeur de l'hypothénuse BC (45 du II).

PROPOSITION VII. L'hypothénuse BC étant connue avec le côté AC, trouver l'autre côté AB, qui fait l'angle droit BAC (*fig.* 298).

Otez du carré de BC le carré de AC; je veux dire : ôtez 900 de 2500, restera 1600, dont la racine carrée 40 sera la grandeur du côté AB.

Proposition VIII. Les côtés AB, AC, composant l'angle droit A étant connus, trouver les deux angles B et C (*fig.* 299).

Supposé que AC soit sinus total et AB tangente; comme le côté AC 50 au côté AB 40; le sinus total AC 100,000 à la tangente AB 80,000. Cherchez cette tangente 80,000, et l'ayant trouvée dans la table de 38 degrés, à côté de 40 minutes, concluez que l'angle C est de 38 degrés 40 minutes. La valeur de l'angle B pourrait être trouvée de la même sorte en posant AC pour tangente, et AB pour sinus total; mais elle vous sera connue plus aisément par la première proposition.

Proposition IX. L'angle A et les côtés qui le composent étant connus, trouver les autres angles (*fig.* 300).

Les trois angles d'un triangle, mis ensemble, valent 180 degrés; ainsi l'angle A de 30 degrés étant soustrait de 180, reste pour les angles B et C 150, dont la moitié 75 a pour tangente 373205 : cela connu, faites l'analogie suivante :

Comme la somme des côtés connus AB, AC 70, est à leur différence 10, ainsi la tangente de 75 degrés 373205 est à une tangente demandée 53315.

Cherchez dans les tables cette tangente 53315, et vous trouverez que son angle sera de 28 degrés 4 minutes; joignez ces 28 degrés 4 minutes à 75 degrés moitié de la somme des angles inconnus, et vous aurez 103 degrés 4 minutes pour l'angle C opposé au plus grand côté AB. Otez aussi ces 28 degrés 4 minutes des mêmes 75 degrés, et le reste, 46 degrés 56 minutes, sera la valeur de l'angle P.

Proposition X. L'angle B étant connu avec les côtés qui le composent, trouver la perpendiculaire CE (*fig.* 301).

Supposé la perpendiculaire AD et le côté BC; continuez jusqu'en D. Si on prend AB pour sinus total, BD sera sécante de l'angle B. Cherchez dans les tables la sécante de 60 degrés, elle se trouvera de 200000. Or, comme le sinus total AB de 100000 est à AB de 40, la sécante BD de 200000 est à BD de 80 (5); et comme BD de 80 est à BC de 40, ainsi AB de 40 est à BE de 20.

Donc comme BC à CD, BE à EA (52 du II), et AD étant perpendiculaire, EC l'est aussi (57 du II). Enfin, ayant encore posé BE pour sinus total, vous trouverez que :

Comme le sinus total BE 100,000 est à la tangente EC 173,205, ainsi la base BE 20 est à la perpendiculaire EC $34\frac{641}{1000}$.

PROPOSITION XI. L'angle B et les côtés AB, BC étant connus, trouver la perpendiculaire CE (*fig.* 302).

Que la ligne AD soit perpendiculaire, et AB sinus total: BD sera sécante de l'angle B. Cela établi, faites :

Comme AB sinus total 100000 est à la sécante BD 200000. Ainsi la base AB 20, est à l'hypothénuse BD 40.

De plus, comme BD 40, est à BC 80,

AB 20, est à BE 40;

et posant encore BE pour sinus total : comme BE sinus total 100000, est à CE tangente de l'angle B 173205 ainsi la base BE 40, est à CE qui est la perpendiculaire demandée $96\frac{141}{500}$.

PROPOSITION XII. Les trois côtés du triangle ABC étant connus, trouver la valeur de l'angle C (*fig.* 303).

Supposé que AB soit de 10 toises, AC de 6, et BC de 8, la différence des côtés AC, BC, qui composent l'angle C sera de 2. Multipliez 10 par 10, le produit 100 sera le carré du côté AB, opposé à l'angle C. Otez du carré de AB le carré de la différence des côtés AC, BC, c'est-à-dire, ôtez

4 de 100, restera 96, auxquels ajoutez 5 zéros qui feront 9,600,000. Multipliez les côtés AC, BC, l'un par l'autre, je veux dire, 6 par 8, et le produit 48 étant doublé donnera 96. Divisez enfin les 9,600,000 par ces 96, viendra le sinus total 100,000, d'où vous conclurez que l'angle C est droit.

PROPOSITION XIII. *Les trois côtés du triangle étant connus, trouver la valeur de l'angle A qui est obtus* (*fig.* 304).

Le carré de la différence des côtés AB, AC, c'est-à-dire un, étant soustrait du carré BC 81, reste 80, qui, joints à 5 zéros, font 8000000. Les côtés AB, AC, multipliés l'un par l'autre, produisent 30, dont le double est 60. Les 8000000, divisés par 60, donnent 133333, d'où l'unité étant retranchée, c'est-à-dire, le sinus de l'angle droit, reste 33333, sinus d'un angle de 19 degrés 28 minutes, d'où nous connaissons que l'angle A vaut, outre l'angle droit, 19 degrés 28 minutes, et que par conséquent il est de 109 degrés 28 minutes.

PROPOSITION XIV. *Connaître la valeur de l'angle A qui est aigu* (*fig.* 305).

Le carré du côté BC, opposé à l'angle A, est 36; le carré de la différence des côtés AB, AC, est 4; 4 soustraits de 36 reste 32, et 5 zéros ajoutés font 3200000. Les côtés AB, AC, multipliés l'un par l'autre, produisent 80, dont le double est 160. Les 3200000 divisés par 160 donnent 20000, qui, soustraits du sinus total 100000, reste le sinus 80000 qui étant trouvé dans la table de 53 degrés, son supplément 59995, qui est le sinus vis-à-vis, est celui de l'angle A, 36 degrés 52 minutes.

USAGE DES LOGARITHMES.

PROPOSITION XV. Les angles A, B, et le côté BC étant connus, trouver par les logarithmes la valeur du côté AC (fig. 306).

L'usage des sinus et des tangentes-logarithmes diffère de l'usage des autres sinus et tangentes en ce que les analogies y sont résolues seulement par additions et soustractions, et sans qu'on y pose jamais pour terme aucune somme de toises, pieds ou pouces; c'est-à-dire, que de même que l'on met un sinus ou une tangente-logarithme pour le nombre des degrés et minutes d'un angle, on met aussi un logarithme pour le nombre des toises, pieds ou pouces qu'une ligne peut valoir. Les nombres et leurs logarithmes sont par colonnes dans les tables qui suivent celles des sinus. On cherche dans les nombres celui qui est donné pour la valeur d'une ligne, et à côté se trouve son logarithme. Ayant donc trouvé dans les tables les sinus-logarithmes 977946, 991857, pour les angles A et B, et le logarithme 138021 pour le côté CB de 24 toises, il faut faire la règle de proportion suivante :

Si le sinus-logarithme de l'angle A 977946 donne le logarithme du côté BC 138021, que donnera le sinus-logarithme de l'angle B 991857 ?

Ajoutez le 2ᵉ terme de la proportion au 3ᵉ, et de leur somme 1,129878 ôtez le 1ᵉʳ, le reste sera le logarithme demandé 151932; cherchez ce logarithme dans les tables des logarithmes, et l'ayant trouvé à côté du nombre 33, dites que 33 est la valeur du côté AC.

Nota. On peut examiner par ces calculs certaines propositions qui sont sans preuve, et qui semblent être justes dans la pratique : telles sont les propositions 23, 24 et 25 du

Chap. III, que je n'ai avancées qu'à dessein d'en faire l'examen en cet endroit.

Proposition XVI. Nous disons que l'arc DF, coupé suivant la 29ᵉ du Chap. III, est à peu près la 7ᵉ partie de la circonférence du cercle, et on veut savoir en quoi consiste cet à peu près (*fig.* 307).

Tirez les droites AD, BD, le triangle ABD sera équilatéral, et ces angles étant égaux, ils seront chacun de 60 degrés. Posez BC pour sinus total, 100000, l'angle B, qui est de 60 degrés, donnera 200000 pour la sécante BD, et 173205 pour la tangente CD. Les droites AD, AF, qui sont égales à la sécante BD, seront donc chacune de 200000, et DF, que nous avons coupée égale à la tangente CD, sera de 173205. Les trois côtés du triangle ADF étant connus, cherchez la valeur de l'angle DAF (14), elle se trouvera de 51 degrés 19 minutes. L'angle au centre d'un eptagone est de 51 degrés 25 minutes et quelques secondes; donc l'arc DF est trop petit de 6 minutes et quelques secondes.

EXAMEN DE LA PROPOSITION 30 DU CHAPITRE III.

Proposition XVII. On dit que l'arc DH, coupé selon la 30ᵉ du III, est à peu près la 9ᵉ partie de son cercle, et nous voulons savoir s'il est plus grand ou plus petit, et de combien (*fig.* 308).

Le triangle EFG est équilatéral; ainsi l'angle GEF est de 60 degrés, et l'angle droit AEF lui étant joint, l'angle GEA est de 150 degrés. La ligne GE, coupée égale au rayon AB, est double de sa moitié AE, et supposant AE valoir un certain nombre de parties égales, par exemple 200, GE sera de 400. Les deux côtés GE, AE, étant connus, avec l'angle d'entre deux AEG, l'angle GAE se trouvera valoir 20 degrés 6 minutes (9). Otez l'angle GAE de l'angle DAE;

je veux dire, ôtez 20 degrés 6 minutes de 60 degrés, restera 39 degrés 54 minutes pour l'angle DAH. L'angle du centre dans l'ennéagone est de 40 degrés; donc l'angle DAH, ou son arc DH est trop petit de 6 minutes.

EXAMEN DE LA PROPOSITION 31 DU CHAPITRE III.

PROPOSITION XVIII. Supposez le segment de cercle AGB décrit sur la droite AB; on veut savoir la différence qu'il y a entre l'angle AFB et le vrai angle au centre d'un ennéagone régulier (*fig.* 309).

Supposez les droites AD, BD, BE, AF, l'angle ABD est de 60 degrés, sa moitié DBE de 30, et 30 ôtés de 180, valeur des 3 angles du triangle isocèle DBE, reste 150, ou plutôt 75 pour chacun des angles EDB, DEB. Que si vous supposez BD valoir 100,000 parties égales, la droite DE ou son égale DF sera de 51763 (2). De plus, l'angle BDC est de 30 degrés, et son supplément BDF de 150 (18 du II). La valeur de DB, de DF, et de l'angle BDF étant connue, l'angle BFG se trouvera de 19 degrés 52 minutes (9), et le double AFB de 39 degrés 44 minutes. L'angle du centre dans l'ennéagone est de 40 degrés; l'angle AFB est trop petit de 16 minutes.

CHAPITRE IX.

STÉRÉOMÉTRIE, OU DES CORPS SOLIDES.

Définitions.

1°. Le corps est une quantité étendue en longueur, largeur, et profondeur.

2°. Le corps est régulier quand une moitié est semblable et égale à l'autre ; et il est régulier en tous sens, lorsque toutes ses parties sont égales et semblables.

On compte seulement six corps parfaitement réguliers : le polyèdre, le tétraèdre, l'exaèdre, l'octaèdre, le dodécaèdre, l'isocaèdre et la sphère, dans laquelle les cinq premiers sont inscriptibles.

3°. Le tétraèdre est terminé par quatre triangles équilatéraux de même grandeur (*fig.* 310).

4°. L'exaèdre ordinairement nommé cube, ou dé, est terminé par 6 plans ou surfaces carrées et égales (*fig.* 311).

5°. L'octaèdre est contenu sous 8 triangles égaux et équilatéraux (*fig.* 312).

6°. Le dodécaèdre est compris sous 12 pentagones réguliers et égaux (*fig.* 313).

7°. L'isocaèdre est de 20 surfaces triangulaires, égales, équilatérales (*fig.* 314).

Les figures A, B, C, D, E, montrent comment on peut couper de la carte pour faire en relief ces 5 premiers corps.

8°. La sphère est comprise sous une seule surface, vers laquelle toutes les lignes tirées du centre sont égales.

9° Le diamètre sur lequel la sphère tourne est nommé axe ou essieu (*fig* 315).

Les autres corps que l'on considère particulièrement en géométrie, sont le parallélipipède, le prisme, la pyramide et le sphéroïde.

10°. Le parallélipipède est un corps compris sous 6 parallélogrammes, dont les côtés opposés sont égaux et parallèles (*fig* 316).

11°. Le prisme est un corps régulièrement et également compris entre deux surfaces semblables, parallèles et égales.

12°. Le prisme est dit triangulaire, quadrangulaire, pentagonal... suivant la figure des plans A et B entre lesquels il est compris (*fig.* 317).

13°. Le prisme est appelé cylindre lorsqu'il est rond en manière de colonne (*fig.* 318).

14°. Si un cylindre posé sur un plan de niveau se trouve à plomb comme AB, (*fig.* 378) il est compris entre deux cercles; mais s'il se trouve incliné comme EF, il est compris entre deux ovales.

15°. L'axe du cylindre est une ligne qui passe par les centres des plans A, B, et sur laquelle ce corps est supposé tourner, ou pouvoir tourner.

16°. La pyramide est un corps dont les parties, en s'élevant sur une base, vont se réunir à un point qu'on nomme sommet (*fig.* 319).

17°. La pyramide prend aussi une dénomination de la figure de sa base : on la nomme triangulaire, quadrangulaire, ou pentagonale, si la base est un triangle, un carré, ou un pentagone.

18°. Le cône est une pyramide qui a un cercle pour base lorsqu'il est droit sur son plan, ou une ellipse s'il est incliné comme le cône B (*fig.* 320).

19°. Le corps sphéroïde est une sphère alongée ou oblongue (*fig.* 321).

20°. Le sphéroïde elliptique est de la figure d'un œuf.

Tous les autres corps sont composés des précédens.

21°. Le devis géométrique ou perspectif d'un corps est une description que l'on fait de toutes ses dimensions et mesures; ou par le moyen de deux dessins : le premier, nommé plan ou ichnographie, et le deuxième, élévation ou orthographie; ou par un seul appelé scénographie.

22°. Le plan ou l'ichnographie est une figure plane qui représente les dimensions horizontales du corps (*fig.* 322): comme une figure AB qui serait produite sur le pavé CD par les à-plombs abaissés de toutes les parties du corps L.

23°. L'élévation ou l'orthographie est la figure plane qui représente les dimensions verticales, je veux dire les hauteurs; comme serait une figure E décrite par des parallèles horizontales conduites de toutes les parties du corps L, jusqu'au plan ou surface verticale CD (*fig.* 323).

24°. Une élévation est donnée quelquefois en deux dessins : l'un appelé face et l'autre coupe. Les parties extérieures du corps se voient dans le premier, et les intérieures dans le deuxième.

25°. On appelle profil le contour ou les extrémités d'une coupe (*fig.* 324). DEF est la face, GNM la coupe, et KLM le profil.

26°. La scénographie est un dessin qui représente le corps entier avec toutes ses dimensions, hauteurs, largeurs et profondeurs. Ce dessin est géométrique si toutes ses lignes peuvent être mesurées avec une échelle commune, et perspectif si elles ne peuvent l'être que par des échelles de perspective, le corps étant représenté tel qu'il est, ou d'un coup d'œil, ou comme il serait aperçu d'un seul endroit (*fig.* 325). N est un cube géométrique, et O un cube perspectif.

27°. Le talus est la pente qu'on donne à un corps pour le soutenir, comme la pente LM (*fig.* 325).

28°. Lever le plan d'un corps, d'une tour par exemple, c'est décrire la figure du terrain qu'elle occupe sur le niveau de ses fondemens (*fig.* 326).

TOISÉ DES SOLIDES.

On mesure les solides par toises cubes et par parties de toises cubes. La toise cube est un parallélipipède rectangle qui a 6 pieds de haut, 6 pieds de large, et 6 pieds de profondeur. Ses parties sont le pied, le pouce et la ligne solide, sur toise, sur pied et sur pouce carré. Le pied, le pouce et la ligne solides courant sur toise, sur pied et sur pouce; le pied, le pouce et la ligne cube.

Le pied solide sur toise carrée est un parallélipipède d'un pied d'épaisseur sur une toise carrée. Le pied solide courant sur toise est un parallélipipède d'une toise de long, compris entre deux plans chacun d'un pied carré. Six pieds solides sur toise carrée font une toise cube; 6 pieds solides courant sur toise font un pied solide sur toise carrée; 6 pieds cubes font un pied solide courant sur toise; 216 pieds cubes font une toise cube. Le pouce solide sur pied carré est un parallélipipède d'un pouce d'épaisseur sur un pied carré; le pouce solide courant sur pied est un parallélipipède d'un pied de longueur, compris entre deux plans chacun d'un pouce carré; 12 pouces solides sur pied carré font un pied cube; 12 pouces solides courant sur pied font un pouce solide sur pied carré; 12 pouces cubes font un pouce solide courant sur pied; 1728 pouces cubes font un pied cube. La ligne solide sur un pouce carré est un parallélipipède d'une ligne d'épaisseur sur un pouce carré; la ligne solide courant sur pouce est un parallélipipède d'un pouce de longueur compris entre deux plans chacun d'une ligne carrée; 12 lignes solides sur pouce carré font un pouce cube; 12 lignes solides courant sur pouce font une ligne solide sur pouce carré; 12 lignes cubes font une ligne solide courant sur pouce; 1728 lignes cubes font un pouce cube. AB, 12 lignes solides sur pouce carré, faisant une pouce cube (*fig.* 327); CD, 12 lignes solides courant sur pouce, faisant une ligne solide sur pouce carré (*fig.* 328); EF, 12 lignes cubes, faisant une ligne solide courant sur pouce (*fig.* 329); G, une ligne cube (*fig.* 329).

Des surfaces multipliées par des lignes produisent des solides, des toises carrées multipliées par des toises simples produisent des toises cubes; des toises simples multipliées par des pieds courant sur toises, ou des toises carrées multipliées par des pieds simples produisent des pieds solides sur toise carrée; des toises simples multipliées par des pieds carrés produisent des pieds solides courant sur toise; des pieds simples multipliés par des pieds courant sur toise produisent aussi des pieds solides courant sur toise; des pieds simples multipliés par des pieds carrés produisent des pieds cubes; des pieds simples multipliés par des pouces courant sur pied produisent des pouces solides sur pieds carrés; des pieds carrés multipliés par des pouces simples produisent aussi des pouces solides sur pied carré; des pieds simples multipliés par des pouces carrés produisent des pouces solides courant sur pied; des pouces simples multipliés par des pouces carrés produisent des pouces cubes. La même chose est des pouces à l'égard des lignes.

PROPOSITION I. Mesurer un cube, ou un parallélipipède.

Il faut multiplier toute la base par la hauteur du corps Par exemple :

Multipliez la base BD (*fig.* 330), ou la surface opposée de son égale AC, par la perpendiculaire AB; 9 pieds carrés par 3 pieds simples : le produit 27 pieds cubes sera la mesure demandée.

Les 9 pieds carrés de la surface AECF ont chacun sous soi une colonne composée de 3 pieds cubes, et 3 fois 9 font 27.

Pour avoir le contenu du parallélipipède GH (*fig.* 331), il faut multiplier comme ci-dessus les parties de la surface GI par les parties de la perpendiculaire GN, 32 par 5, et le produit 160 pieds cubes sera le contenu demandé.

Si le parallélipipède LM (*fig.* 332) avait sa hauteur LN de 3 toises, sa longueur OM de 2 toises 2 pieds, et sa largeur NO de 2 toises, il faudrait multiplier MO par ON, 2 toises 2 pieds par 2 toises; le produit serait 4 toises carrées, 4 pieds sur toise, pour la surface NM. Multipliez cette surface NM par la hauteur LN, 4 toises carrées, et 4 pieds sur toises par 3 toises; le produit serait 12 toises cubes, et 12 pieds solides sur toises carrées, qui feraient encore 2 toises cubes, qui jointes aux 12, le corps LM se trouverait contenir 14 toises cubes.

Toises carrées. Pieds sur toises.
4.......... 4
× 3
―――――――――――
12.......... 12

Mais si AB (*fig.* 333) était de 4 pieds, BC de 2 pieds 3 pouces, et CD de 3 pieds 4 pouces, il faudrait 1° trouver le contenu de la surface BD, qui serait de 6 pieds carrés, 17 pouces sur pieds, et 12 pouces carrés, puis multiplier les 6 pieds de la surface par les 4 de la hauteur, le produit serait 24 pieds cubes; multiplier les 17 pouces de la surface par les 4 pieds de la hauteur, le produit serait 68 pouces solides sur pieds carrés.

Pieds carrés.	Pouces sur pieds.	Pouces carrés.
4	17	2
6		
24	68	48
Pieds cubes.	Pieds solides sur pieds carrés.	Pieds solides courant sur pieds.

Multipliez encore les 4 pieds de la hauteur par les 12 pouces carrés de la surface, le produit serait 48 pouces solides courant sur pieds, c'est-à-dire, 4 pouces solides sur pieds carrés, qui étant joints aux 68, feraient 72, c'est-à-dire, 6 pieds cubes, qui avec les 24 feraient 30 pour le contenu du corps AD. Pour avoir le contenu du parallélipipède LO (*fig.* 334), qui a sa surface MO de 4 toises carrées, 10 pieds courant sur toises, 6 pieds carrés, et sa hauteur LM de 3 toises 2 pieds, il faudrait multiplier les toises par les toises, 4 par 3, le produit serait 12 toises cubes. Multiplier les toises par les pieds, 3 par 10, 4 par 2, les produits seraient 30, et 8 pieds solides sur toises carrées. Multiplier les 2 pieds par les 10, le produit serait 20 pieds solides courant sur toises. Multiplier les 3 toises par les 6 pieds carrés, le produit serait 18 pieds solides courant sur toises. Multiplier les 2 pieds par les 6, le produit serait 12 pieds cubes. Enfin, additionner tous ces produits, et le corps LO se trouverait contenir 19 toises cubes, 2 pieds solides sur toises carrées, c'est-à-dire, un tiers de toise cube, et 4 pieds solides courant sur toises ou 24 pieds cubes.

	4	10	6	
×	3	2		
	12	30	20	
		8	18	12
	19	2	4	00
	Toises cubes.	Pieds solides sur toises carrés.	Pieds solides courant sur toises.	Pieds cubes.

Si on avait encore à mesurer le parallélipipède AD (*fig.* 335), qui a sa hauteur AB de 1 toise 2 pieds 3 pouces, sa longueur BC de 2 toises 2 pieds 2 pouces, et sa largeur BE de 4 pieds 3 pouces, il faudrait réduire les toises en pieds, et compter 8 pieds 3 pouces pour AB, 14 pieds 2 pouces pour BC, puis multiplier BC par BE, la surface BCDE se trouverait contenir 56 pieds carrés, 50 pouces courant sur pieds, et 6 pouces carrés; multiplier le contenu de cette surface par la hauteur AB, et le corps se trouverait avoir 496 pieds cubes, 8 pouces solides sur pieds carrés, 7 pouces solides courant sur pieds, et 6 pouces cubes; ces trois espèces de pouces faisant 1242 pouces cubes.

$$
\begin{array}{r}
56 \ldots\ldots 50 \ldots\ldots 6 \\
\times\ 8 \ldots\ldots 3 \\
\hline
448 \ldots\ldots 168 \ldots\ldots 150 \ldots\ldots 18 \\
48 \ldots\ldots 400 \ldots\ldots 48 \\
16 \ldots\ldots 1 \\
\hline
496 \ldots\ldots 8 \ldots\ldots 7 \ldots\ldots 6
\end{array}
$$

Que si on trouvait trop de difficulté à ces fractions, on pourrait réduire aussi, pour plus grande facilité, les pieds en pouces pour n'avoir qu'une sorte de parties; BC aurait 170 pouces, BE 51, et ces deux côtés, multipliés l'un par l'autre, produiraient 8670 pouces carrés pour la surface BD, qui étant multipliée par la hauteur AB de 99 pouces, le produit serait 858330 pouces cubes, qui étant divisés par 1728, valeur d'un pied cube, le quotient donnerait pour le contenu du parallélipipède AD, comme ci-dessus, c'est-à-dire; 496 pieds, et 1242 pouces cubes. S'il y avait encore d'autres sous-espèces, on les réduirait de même jusqu'aux plus petites, afin de n'avoir que des lignes ou des points à multiplier l'un par l'autre, et on les ramènerait par la division à leurs espèces supérieures.

Proposition II. Mesurer le prisme triangulaire BF (*fig.* 336).

Supposez que l'angle DEF soit droit, et les côtés DE, EF, de 4 pieds, multipliez DE par la moitié de EF, 4 par 2, le produit 8 pieds carrés sera la surface du triangle DEF; multipliez ce triangle par la hauteur DB, 8 par 3, le produit 24 pieds cubes sera le contenu du prisme.

Les 6 carrés entiers du triangle DEF, et les 4 demi qui en font encore deux entiers ont chacun sous soi une colonne de 3 pieds cubes, et 3 fois 8 font 24.

Vous mesurez le prisme VT de la même manière, c'est-à-dire, en multipliant la surface ST par la hauteur SV; le contenu du prisme AE (*fig.* 337), se trouvera en multipliant le plan A par la longueur AE, 4 par 10. Supposez aussi le prisme CE (*fig.* 338), on le mesurera en multipliant sa base, c'est-à-dire, le rectangle ABCD, par la moitié de la hauteur BE, ou la moitié du rectangle ABCD par la hauteur BE, par exemple, 60 par 2, ou 30 par 4; le produit 120 sera le même que si l'on avait multiplié le triangle ABE par la longueur AC, 12 par 10.

Proposition III. Mesurer le talus d'un rempart (*fig.* 339).

Le talus CE, considéré séparément du corps du rempart, et terminé par deux triangles *edm*, *abc*, qui sont parallèles entre eux, est proprement un prisme triangulaire; ainsi, on le mesurera par la proposition précédente, ou comme il suit :

Supposé la longueur AE de 20 pieds, égale à la longueur CD. Elevez du milieu de la pente AC l'aplomb FG, puis mesurez AG qui, par exemple, sera de 4 pieds. Multipliez ces 4 pieds par les 20 de la longueur AE, le produit sera 80; multipliez ces 80 par les 8 de la hauteur AB, le produit 640 pieds cubes sera le solide du talus proposé.

DÉMONSTRATION. Supposé le rectangle *abgh*, il est égal au triangle *abc* : car *ac* étant coupé en deux également par *gh*, le triangle *agf* est égal au triangle *cfh* (59 du II) ; d'où il suit que le parallélipipède *bi* et le prisme taluté *ad* étant de même longueur *ae*, sont égaux (précédente). Ainsi, mesurant l'un on mesure l'autre. Multipliant *ae* par *ag*, nous avons eu la surface du rectangle *aj* ; et multipliant ce rectangle par la hauteur *ab*, nous avons trouvé le contenu du parallélipipède *bj*, et par conséquent du prisme ou talus proposé *abcde*.

PROPOSITION IV. Soit proposé de mesurer le prisme CH, dont les plans rectangles ABCD, GHIK sont parallèles entre eux (*fig.* 340).

Supposé que AB soit de 4 toises, AD de 6, HI de 8, et BI de 3, le rectangle AC sera de 24 toises carrées, le rectangle GHIK de 48, et la coupe ABIH de 18 (4 du VII). Additionnez les deux rectangles AC, GI, et de leur somme 72, prenez la moitié 36, que vous multiplierez par les 3 de la hauteur BI ; le produit 108 toises cubes sera le produit du corps proposé. Ce que vous vérifierez en multipliant les 18 toises et la coupe ABIH par les 6 de la longueur AD, qui produiront ainsi 108 toises cubes.

Vous trouverez de même le contenu du prisme de rempart AG (*fig.* 340) en multipliant la moitié de la somme des deux rectangles ABCD, EFGH par la hauteur BI.

PROPOSITION V. Mesurer le corps DF, composé d'un parallélipipède et de deux prismes (*fig.* 342).

Mesurez ces trois parties séparément l'une de l'autre, et supposant AD de 15 pieds, AB de 3, EH de 20, IK de 5, vous trouverez 540 pieds cubes pour la valeur du parallélipipède CI, 451 pour le prisme AIL, et 90 pour le prisme AIF. Faites l'addition de ces trois sommes, et vous aurez pour le contenu du corps proposé 1080 pieds cubes.

Autrement : Mesurez les trois rectangles AC, EG, KH : le premier sera de 45 pieds carrés, le deuxième de 60, le troisième de 75, et les trois ensemble feront 180 pieds carrés. Prenez la moitié de cette somme 180, et la multipliez par la hauteur AI, c'est-à-dire 90 par 12, le produit 1080 sera égal au précédent.

Si on trouve quelques difficultés à mesurer les deux rectangles EG, KH séparément l'un de l'autre, on aura la valeur des deux ensemble comme il suit : mesurez tout le rectangle FGLN, qui se trouvera de 160 pieds carrés ; de cette somme, ôtez les 25 du petit rectangle EK, car EI multiplié par IK, 5 par 5, donnera 25, et le reste 135 sera la valeur des deux rectangles.

PROPOSITION VI. Mesurer une pyramide (*fig.* 343).

Multipliez la base ou plan BCD par le tiers de la perpendiculaire AE, vous aurez la mesure demandée.

Autrement : multipliez la hauteur AE par le tiers de la base, ou enfin multipliez toute la hauteur par toute la base, et le tiers du produit sera la mesure demandée.

DÉMONSTRATION. Que le solide d'une pyramide se trouve en multipliant le tiers de la hauteur par la base, je le démontre. 1° Supposé que les six faces d'un cube HB (*fig.* 344) soient les bases d'autant de pyramides qui aient leurs sommets au centre A, ces six pyramides dont le cube sera composé seront égales.

2°. Supposé que le côté BC soit de 12 pouces, toute la base BCDE sera de 144 pouces carrés (1 du VII), et tout le cube BH vaudra 1728 pouces cubes (1ʳᵉ), dont la sixième partie 286 sera le contenu de chaque pyramide. Or, tout le cube ayant 12 pouces de haut, la hauteur de la pyramide ABCDE sera de 6 ; et le tiers de 6, multiplié par la base BCDE, c'est-à-dire 2 par 144, produira de même 288 pouces cubes que nous avons trouvé que valait chaque pyramide. Donc le contenu d'une pyramide se trouve en multipliant toute la base par le tiers de la hauteur.

Proposition VII. Mesurer le reste d'une pyramide dont la surface supérieure est parallèle à la base (*fig.* 345).

Trouvez le sommet de la pyramide, puis multipliez la base CDEF par le tiers de la perpendiculaire AB, et vous aurez le contenu de la pyramide entière BCDEF (précédente). Multipliez aussi la surface supérieure HOI par le tiers de la hauteur BO, pour avoir la valeur de la partie perdue BHOI, qui étant soustraite de celle de la pyramide entière, restera la valeur de la partie proposée CI.

Proposition VIII. Mesurer l'exaèdre irrégulier AG, dont les surfaces opposées et parallèles ABCD, EFGH, sont deux rectangles inégaux et dissemblables (*fig.* 346).

Que AB soit de 20 pieds, AC de 8, EF de 15, EH de 3, et la hauteur IK de 12. Multipliez EF par EH, 15 par 3, le produit 45 pieds carrés sera la valeur du rectangle EFGH. Multipliez aussi AB par AC, 20 par 8, le produit 160 sera la valeur du rectangle ABCD. Mettez ces deux sommes 45, 160, en une 205. Prenez la différence des côtés EH, AC, qui est 5, et la différence des côtés EF, AB, qui est encore 5; multipliez ces deux différences l'une par l'autre, 5 par 5, et le produit 25 pieds carrés étant soustrait de la somme précédente 205, restera 180 pieds carrés. Prenez la moitié de ces 180 pieds carrés, qui est 90, et la multipliez par la hauteur IK, c'est-à-dire par 12, le produit sera 1080 pieds cubes. Multipliez le produit des deux différences par le tiers de la hauteur IK, 25 par 4, et le produit 100 pieds cubes, joint au précédent 1080, sera la valeur demandée, 1180 pieds cubes.

Démonstration. Supposé que l'exaèdre ait quatre parties (*fig* 347), savoir : un parallélipipède FGHIDOKP, deux prismes IKNBEP, IKECHO, et une pyramide IANKE; ces parties étant mesurées, en supposant IF de 15, HI de 3, IK de 12, KN de 5, et AN de 5, le parallélipipède se trouvera contenir 540 pieds cubes

(1re), le premier prisme 450, le deuxième 90 (2e), la pyramide 100 (précédente), et les quatre sommes jointes ensemble feront les 1180 pieds cubes que nous avons dit être le contenu de l'exaèdre.

Mais supposé que l'exaèdre (*fig.* 348), ayant les mêmes mesures, soit composé de 9 parties, le parallélipipède de 4 prismes et de 4 pyramides : en mesurant aussi ces parties chacune à part, on trouvera encore les mêmes 1180 pieds cubes. Ceux qui veulent mesurer cet exaèdre en multipliant la moitié de la somme des deux rectangles FH, BC par la hauteur IK, peuvent voir qu'ils se trompent considérablement ; car au lieu de 1180 pieds cubes, qui sont le juste contenu de ce corps, ils en trouvent 1230, et l'erreur vient de ce qu'ils le mesurent comme un corps composé seulement de prismes et de parallélipipèdes (4e); ne considérant pas qu'il tient de la pyramide, et qu'il faut mesurer ses parties pyramidales séparément; du reste, la manière de les mesurer en étant différente, et c'est ce que nous avons fait en multipliant par les 25 pieds du rectangle ANKE, par le tiers de la hauteur IR, pour avoir le contenu de la partie pyramidale ANKIE.

PROPOSITION IX. Mesurer un canal ou fossé AC, pour savoir la quantité de terre qu'on en a tirée (*fig.* 349).

Mesurez ce canal comme si c'était un prisme, c'est-à-dire en supposant AB de 200 toises, AD de 20, HF de 18, et FG de 2. Mesurez la coupe ADFH (4e du VII), et la multipliez par la longueur AB, 38 par 200, le produit 7600 toises cubes sera la mesure demandée ; ou bien multipliez la largeur AD par la longueur AB, 200 par 20, le produit 4000 toises carrées sera pour la partie supérieure du canal ABCD. Multipliez ces 4000 toises par la profondeur FG, qui est de 2, et du produit 8000 toises cubes retranchez le solide des deux talus AFHD, qui étant chacun de 200 toises cubes (2e), restera 7600 toises cubes pour la mesure demandée.

Autrement : Prenez la moitié des deux largeurs AD, FH, c'est-à-dire 19, et la multipliez par les 200 de la longueur AB; puis multipliez le produit 3800 par les 2 de la profondeur, et vous trouverez de même 7600 toises cubes.

Proposition X. Mesurer la maçonnerie qui fait le tour ou le bord d'un bassin de fontaine (*fig.* 350).

Soit proposé de mesurer le bord du bassin exagonal AB, composé de six prismes égaux.

Mesurez un de ces prismes (2) comme A, en multipliant la surface supérieure par la hauteur CD; et supposé qu'il se trouve être de 15 pieds cubes, multipliez ces 15 pieds par le nombre des prismes, c'est-à-dire par 6, le produit 90 sera le produit demandé.

Proposition XI. Mesurer le bord d'un bassin rond (*fig.* 351).

Mesurez la surface du grand cercle AB, et celle du petit CD (8e du VII). Défalquez de la surface du grand cercle celle du petit, la surface qui restera sera la différence des deux cercles, qui fait la surface ou partie supérieure du bord du bassin. Multipliez cette différence AEB par la hauteur EF, et le produit sera la valeur demandée.

Proposition XII. Mesurer le solide d'un talus AF, qui fait un angle droit rentrant BHL (*fig.* 352).

Considérez ce talus comme un solide composé de deux prismes ABCDE, DFGLI. Mesurez ces prismes (3*), et supposez que le premier se trouve être de 300 pieds cubes, le deuxième de 400, les deux ensemble feront 700. Retranchez de cette somme la valeur de la pyramide DCHIK qui est commune aux deux prismes, le reste sera le contenu du talus.

Proposition XIII. Mesurer le talus de l'angle saillant CEG (*fig.* 353).

Coupez DH égale à BC, FI égale à BG, puis considérez le talus proposé comme un solide composé de trois parties : deux prismes CH, IG, et une pyramide ABHEI. Mesurez les prismes (3ᵉ) et la pyramide (6ᵉ).

PROPOSITION XIV. Mesurer le solide en talus ABE (*fig.* 354).

Je suppose que AD, BC sont parallèles, que l'angle BAD est droit, comme il paraît par le plan géométral *abcde*, et que AB est de 9 pieds, BC de 2, AF de 4, EF de 8. Coupez FI égale à BC, puis regardez le solide comme un corps composé de deux parties : d'un prisme ABCIF, et d'une pyramide CDIH, dont le carré DEIH est la base, et le point C le sommet. Mesurez le prisme (2ᵉ), il se trouvera avoir 36 pieds; mesurez aussi la pyramide (6ᵉ), elle se trouvera en avoir 48; et la somme de ces deux parties, c'est-à-dire 84, sera la valeur demandée.

PROPOSITION XV. Mesurer le talus de l'angle rentrant DLF, qui est obtus. (*fig.* 355).

Prenez DC égale à BN, EF égale à BG; puis supposant que les parties ABL, BLF, sont composées chacune d'un prisme et d'une pyramide, vous trouverez le solide du talus proposé par la précédente, c'est-à-dire, en mesurant les deux prismes BD, GE, et les deux pyramides BLH, BLK.

PROPOSITION XVI. Mesurer le dodécaèdre régulier A (*fig.* 356).

Les surfaces du dodécaèdre sont comme les bases d'autant de pyramides égales qui ont leur sommet au centre de ce corps; mesurez une de ces pyramides (6ᵉ), et supposez qu'elle se trouve être de 10 pieds cubes; multipliez ces 10 pieds par le nombre des pyramides qui est 12, le produit 120 sera le produit demandé.

PROPOSITION XVII. Toiser un puits.

S'il est circulaire, on prend 3 fois 1/7 de fois le diamètre pour avoir la circonférence intérieure, puis on en fait autant pour la circonférence extérieure; on ajoute ensemble ces deux circonférences, et l'on prend la moitié de leur somme : ce qui donne la circonférence moyenne, que l'on multiplie par la hauteur prise du dessous de la mardelle.

Exemple : Soit à mesurer un puits dont le diamètre intérieur soit de 4 pieds 8 pouces, et le diamètre extérieur de 7 pieds 7 pouces, on aurait pour circonférence intérieure 14 pieds 8 pouces, et pour circonférence extérieure 24 pieds 10 pouces; la moitié de la somme de ces deux nombres est 19 pieds 9 pouces, quantité qui, multipliée par sa hauteur, donnera le total du mur sans en rien défalquer. Puis on mesure ensuite la mardelle pour ce qu'elle est. S'il est ovale, on ajoute ensemble le grand et le petit diamètre, on met avec une épaisseur de mur, et l'on multiplie la longueur résultante par 3 et 1/7, et pour avoir la circonférence moyenne, qu'on multiplie ensuite par la hauteur, puis ensuite comme pour le puits circulaire.

PROPOSITION XVIII. Toiser des voûtes.

Pour mesurer les voûtes de caves et autres en berceau ou plein cintre, l'usage est d'ajouter la largeur ou diamètre intérieur de la voûte avec le demi-diamètre ou rayon de montée de cette même voûte, avec le septième de cette réunion, pour former la circonférence de cette voûte, qu'on multiplie ensuite par sa longueur pour avoir la surface totale sans rien ajouter ni diminuer.

Exemple : Soit une voûte de 18 pieds de diamètre et 9 de rayon montant, ce qui fait 27 pieds; on ajoute le septième pour la circonférence à multiplier par la longueur de ce berceau, que l'on compte ensuite pour son épaisseur.

(Voir pour plus amples détails le nouveau *Bullet. des villes et des campagnes*. A Paris, chez Audin et Béchet.)

Généralement, pour mesurer les voûtes, il faut prendre

leur circonférence par le moyen d'une ligne ou autrement, en prendre le tiers et l'ajouter à la même circonférence, et cette somme, étant multipliée par la longueur de la voûte, donnera le contenu pour les voûtes circulaires.

Quant aux ornemens qui se font aux bâtimens, soit d'architecture ou sculpture, comme aux cheminées, aux corniches, soit entablement ou autrement, cela se mesure par estime.

PROPOSITION XIX. Mesurer une sphère (*fig.* 357).

Il faut mesurer le diamètre par la circonférence de son cercle, le produit sera la surface de cette sphère (Archimède), multiplier ensuite le tiers de cette surface par le rayon ou demi-diamètre, et l'on aura la mesure demandée.

Exemple : Supposé que le diamètre AB soit de 14 pouces, la circonférence de son cercle de 44, multipliez ces deux valeurs l'une par l'autre, et le produit 616 pouces carrés sera la valeur de la surface de la sphère. Prenez le tiers de ces 616 pouces carrés, qui est 205 1/3, et le multipliez par 7, moitié du diamètre; le produit 1437 sera le contenu demandé.

DÉMONSTRATION. Si on suppose que les 616 pouces carrés de la surface de cette sphère sont les bases d'autant de pyramides égales qui ont leurs sommets au centre, il est évident que, multipliant le tiers de ces bases (comme si toutes n'en faisaient qu'une) par la hauteur des pyramides, qui est le demi-diamètre de la sphère, on a (6e) le contenu des 616 pyramides, et par conséquent le contenu de la sphère qui en est composée.

PROPOSITION XX. Mesurer le contenu d'un tonneau ou le cuber (*fig.* 358). *Voyez* l'introduction.

Mesurez la surface d'un de ses fonds AB, et celui du plus grand cercle CD pris en dedans, puis multipliez la moitié de la somme de ces deux cercles par la longueur du tonneau EF. Je m'explique :

Si le diamètre AB est de 14 pouces, le diamètre CD de 16, leurs cercles seront: le premier, de 154 pouces carrés, le deuxième, de 201 1/7 (8 et 9 du VII); et les deux ensemble feront 354 pouces carrés 1/7. De cette somme, prenez la moitié 177 4/7, et la multipliez par la longueur EF de 24 pouces, le produit 4261 pouces cubes 5/7 sera à peu près le contenu demandé.

Démonstration. Il ne faut pas s'imaginer, comme font quelques-uns, que par cette règle le tonneau n'est mesuré que comme un vaisseau composé de deux parties de cônes TCVF, car le produit de la multiplication de la longueur CF, par la moitié de la somme des deux diamètres LN, TV, donne plus que la valeur d'un vaisseau tel qu'est TCVF, suivant ce que nous avons fait voir dans la 8e proposition, et ce plus va à peu près pour la courbure du tonneau.

Proposition XXI. Mesurer une certaine quantité de liqueur proposée (*fig.* 359).

Il faut avoir un baquet fait bien à l'équerre, et la liqueur y étant versée, la mesurer comme on mesurerait un parallélipipède.

Exemple : Supposé que le baquet ait en dedans 8 pouces de long, 4 de large, et qu'étant bien de niveau, la liqueur y soit haute de 2; multipliez la longueur par la largeur, 8 par 4, et le produit 32 par la hauteur 2, la mesure demandée se trouvera de 64 pouces cubes.

Observations. 1° Les parallélipipèdes et les prismes de même hauteur sont entre eux comme leurs bases (*fig.* 360). Supposé que le premier parallélipipède, le deuxième et le prisme suivant aient leurs bases doubles l'une de l'autre, je veux dire que la première base soit double de la deuxième, et celle-ci double de la troisième; la première ayant 8 pouces carrés, la deuxième en aura 4, et la troisième 2; et si la hauteur de ces corps est de 10 pouces, le premier parallélipipède sera de 80 pouces cubes, le deuxième de 40, moitié de 80, et le prisme de 20 (1 et 2). Mais la base du cylindre étant de 6 pouces carrés, le cylindre aura 6 pouces cubes; et comme la base du cylindre sera la base du prisme 6 à 2, le cylindre sera au prisme 60 à 20.

Il s'ensuit aussi que : 2° les pyramides de hauteur égale sont en même raison que leurs bases (*fig.* 361).

3°. Un prisme et une pyramide de même hauteur et de base égale sont en raison de 3 à 1, c'est-à-dire que le prisme est triple de la pyramide (*fig.* 362).

Supposé que le prisme A et la pyramide B aient 4 pieds de hauteur sur des bases de 9 pieds carrés, le prisme (1) sera de 36 pieds cubes, et la pyramide seulement de 12 (6°).

La même chose doit s'entendre du cylindre C à l'égard du cône D.

4°. Un prisme et une pyramide de même hauteur sont en même raison que la base du prisme est au tiers de la pyramide, ou que la base du prisme prise trois fois est à la base entière de la pyramide (*fig.* 363).

Exemple. Que le prisme A et la pyramide B soient de même hauteur, et que la base de la pyramide soit divisée en trois parties égales CH, IK, LD, le prisme A est à la pyramide B comme sa base EF est à CH, troisième partie de la base CD. Ou bien : supposez le plan EG trois fois aussi grand que la base EF, le prisme est à la pyramide comme le plan EG est à la base CD : de sorte que si le plan EG est double ou triple du plan ou base CD, le prisme est double ou triple de la pyramide ; ce qui est évident par la précédente.

5° Les corps semblables, par exemple, A et B, sont en raison triple de leur base : ou, ce qui est la même chose, ils sont entre eux comme les cubes de leurs côtés homologues.

Que CD, EF, GH, IK (*fig.* 364) soient continuellement proportionnels, la raison de CD à IK est triple de la raison de CD à EF. Or, comme le côté CD de 1 pied à IK de 8 ; ou le cube CD de 1 pied au cube EF de 8 ; aussi la pyramide A est à la pyramide B comme 1 à 8. De même la sphère L (*fig.* 365) est à la sphère M comme le cube N est au cube O : ou bien, ce qui est la même chose, la sphère L est à la sphère M comme son diamètre PP est à la quatrième proportionnelle TT.

Que la pyramide A (*fig.* 366) soit à la pyramide B en raison de 1 à 8, je le démontre. Puisque les pyramides A, B sont semblables, et que CD est de 1 pied ou de 12 pouces, et EF de 2 pieds ou de 24 pouces ; la hauteur AV étant de 21 pouces, la hauteur BX sera de 42 ; car, comme EF est double de CD, BX doit aussi être double de AV. De plus, les bases CDGI, EFHK étant des carrés parfaits, la première sera de 144 pouces carrés, et la deuxième de 576 (1 du VII). Cela connu, si on multiplie la première base 144 par 7, tiers de la hauteur AV, le produit 1008 sera le contenu de la pyramide A ; et si on multiplie la deuxième base 576 par 14, tiers de la hauteur BX, le produit 8064, octuple du précédent 1008, sera le contenu de la pyramide B : donc la pyramide A est à la pyramide B comme 1 à 8. La même démonstration se fera des deux sphères.

6°. Il s'ensuit que, pour faire un corps semblable à un autre, mais plus grand ou plus petit, par exemple, un cube double ou triple du proposé A (*fig.* 367), il faut prendre une ligne IK double ou triple du côté CD, puis trouver entre ces deux longueurs CD, IK, deux moyennes proportionnelles EF, GH, et la seconde EF sera le côté d'un cube double ou triple du cube proposé. Si on voulait faire une suite de corps semblables, de boules (*fig.* 368), par exemple, qui fussent quadruples l'une de l'autre dans une proportion continuée, la première A étant donnée de 16 lignes de diamètres, il faudrait prendre le diamètre PQ de 4, puis trouver les deux diamètres moyens LM, NO, et les boules A, B, C, E seraient quadruples l'une de l'autre.

Pour en ajouter une cinquième, il n'y aurait qu'à trouver son diamètre TV, proportionnel aux deux diamètres PQ, NO, et faire la même chose pour une sixième et une septième........ Suivant la précédente, la boule A sera quadruple de la boule B, comme le diamètre IK le serait du diamètre PQ ; et le diamètre LM étant au diamètre TV comme IK à PQ, par la raison d'égalité la boule B serait quadruple de la boule C comme le diamètre LM serait quadruple des diamètres TV, et ainsi des autres boules.

CHAPITRE X.

PRATIQUE SUR LE TERRAIN, OU MANIÈRE D'ÉLEVER LES PLANS, DE LES TRACER, ET DE MESURER TOUTES SORTES DE DIMENSIONS INACCESSIBLES.

DES INSTRUMENS D'ARPENTAGE ET DE LEUR USAGE.

Ayant indiqué dans notre introduction les instrumens nécessaires, nous dirons seulement que :

1°. Les jalons sont des morceaux de bois ferrés par l'extrémité qui doit être enfoncée en terre, et fendus par l'autre pour recevoir un morceau de papier qui sert à les faire découvrir de loin : ils servent à prendre un alignement. Lorsque les points que l'on aligne sont éloignés, il faut placer entre eux un nombre suffisant de jalons pour diriger le porte-chaîne.

2°. La chaîne d'arpenteur a 1 décamètre ou 10 mètres de longueur ; elle est formée de 50 brins de gros fil de fer de 2 décimètres de longueur, assemblés par des anneaux de fer. Les mètres sont indiqués par des anneaux en cuivre ; l'anneau du milieu est double des autres, ou bien il est distingué par un bout de fil de fer de 5 centimètres de longueur qui y est suspendu. A chaque extrémité est une poignée prise sur la longueur du dernier brin de fil de fer, qui a 2 décimètres y compris la poignée : elle sert à mesurer les distances.

3°. Les fiches sont des piquets d'un demi-mètre environ de hauteur, en fil de fer fort, terminés en pointe par un bout et par un anneau de l'autre, assez grand pour que l'on puisse y passer le doigt : elles servent à marquer le nombre de chaînes qui se trouve dans les distances.

4°. L'équerre est un des instrumens les plus utiles : elle est formée d'un cylindre droit en cuivre creux, ou d'un prisme à huit pans égaux; elle a ordinairement 12 centimètres de haut. Une douille ou tuyau creux est vissée à sa base pour y recevoir le bout d'un bâton; le tout a la forme d'une canne d'environ 16 décimètres de long. L'extrémité inférieure de la canne est ferrée et pointue afin de pouvoir la ficher facilement en terre; elle est percée de fentes verticales opposées appelées pinnules: en appliquant l'œil sur une de ces fentes, on voit distinctement, par la fente opposée, les objets situés au-delà: on y est aidé par une petite fenêtre ménagée sur la longueur de la fente; ces fentes étant deux à deux percées à angle droit, l'instrument détermine les lignes droites et perpendiculaires; entre les pinnules corrélatives il en existe d'autres qui font des angles de 45 degrés avec les premières. Pour transporter l'équerre, l'arpenteur la met dans sa poche en retournant la douille, qui se visse en dedans, et se sert de la tige comme d'une canne (*fig.* 369).

5°. Le graphomètre (*fig.* 370) est un demi-cercle de cuivre divisé en 180 ou 200 degrés. Le diamètre est fixe: chacune de ses extrémités porte une petite plaque de cuivre ou pinnule, perpendiculaire au plan du demi-cercle; cette pinnule est percée d'une ouverture qu'on nomme fenêtre, garnie dans son milieu d'un fil vertical qui a pour but de couvrir une partie de l'objet, et le déterminer d'une manière plus précise lorsqu'on regarde par la pinnule opposée, percée dans son milieu par une petite fente verticale, et qui sert à diriger le rayon visuel. Le graphomètre porte une boussole au milieu, et se meut sur le genou: cette boussole est une boîte de cuivre qui contient une aiguille d'acier aimantée, et suspendue de manière qu'elle peut tourner dans tous les sens, et qu'on peut la fixer par le moyen d'une vis. Le graphomètre sert à mesurer les angles sur le terrain.

6°. Le rapporteur est ordinairement un demi-cercle de cuivre ou de corne qui est plus commode, dont le centre est marqué par une coche faite sur le diamètre; la circonférence est divisée en 180 ou 200 degrés, partagés chacun en 60 minutes. Dans l'usage, on pose ce diamètre sur la ligne que l'on veut copier ou mesurer, en plaçant le centre au sommet, puis l'on trouve sur la circonférence la mesure ou grandeur cherchée (*fig.* 123).

7°. Le niveau d'eau (*fig.* 371). Le niveau à bulle d'air, étant trop sensible, et par cela même bon qu'aux petites surfaces; nous ne parlerons que du précédent, qui se compose d'un tube de fer-blanc relevé verticalement aux deux extrémités, et terminé par deux petits tubes en verre; on verse de l'eau colorée en rouge dans un des tubes en quantité suffisante, et le niveau sera horizontal quand l'eau sera aussi élevée dans un tube que dans l'autre.

8°. La planchette (*fig.* 372) est une table portative montée sur un genou. On fixe sur cette table la feuille de papier qui doit recevoir le plan; et pour prendre les alignemens, on se sert d'une règle épaisse que l'on pose sur l'instrument dans la direction de la ligne à tirer, et la ligne tirée, on a l'alignement demandé, ou plutôt d'une alidade.

9°. L'alidade est une règle de cuivre garnie de pinnules bien perpendiculaires dans tous les sens sur la lame qui les joint, et bien hautes, afin que, sans incliner la planchette, on puisse viser aux points des terrains qui sont plus élevés ou plus bas; souvent on met une lunette sur l'alidade, en place des pinnules, pour mieux voir les objets éloignés; mais la condition essentielle, pour la sûreté et la promptitude de l'opération, est que la tablette ne s'ébranle pas sous la main qui dessine (*fig.* 373).

10°. L'échelle est une ligne qui représente la longueur que doivent occuper sur le papier un certain nombre de mètres mesurés sur le terrain, et qui fait voir l'exactitude d'un plan par la vérification. De toutes les échelles, les décimales doivent être préférées pour la facilité de leurs divisions et subdivisions : ainsi, un centimètre et un millimètre pour mètre sont beaucoup plus avantageux que toutes les échelles prises à volonté dans la pratique.

11°. La boîte de mathématiques. On appelle ordinairement ainsi la réunion de petits instrumens autres que ceux dont nous venons de parler; tels que les compas simples et à compartimens avec toutes leurs pièces, et autres de ce genre renfermés ensemble.

TRACÉ DES PERPENDICULAIRES ET PARALLÈLES (*fig.* 374).

Avec l'équerre en bois ou en cuivre il est un moyen bien simple de tracer les perpendiculaires et les parallèles sur le papier, et qui consiste à appliquer l'équerre sur la ligne sur laquelle on veut ou élever une perpendiculaire ou dresser une parallèle, et contre elle une règle tenue fortement immobile et sur laquelle on la fait glisser dans le sens nécessaire, en tirant autant de perpendiculaires ou parallèles que l'on veut et aux points demandés.

NOTA. Avant de passer outre, je dirai d'abord que toutes les fois qu'un arpenteur est appelé à vérifier l'opération d'un autre, il doit, si le terrain est incliné, tâcher de s'assurer de quelle méthode a usé celui dont il est appelé à vérifier le travail, c'est-à-dire s'il a mesuré le terrain dans toute son étendue (développement), ou s'il n'a compté que la surface horizontale (cultellation); méthodes en usage.

DU NIVELLEMENT.

Le nivellement est une opération qui a pour but de déterminer la hauteur comparative de deux terrains.

Niveler un terrain (*fig.* 371).

Lorsqu'on se sert du niveau, il faut avoir en outre une règle ou perche A, bien droite, de deux mètres de hauteur, divisée en mètres et décimètres, le long de laquelle on fait glisser un morceau de carton blanc d'environ 6 pouces en carré, que l'on nomme *voyant* B. Un homme transporte cette perche à quelque distance du niveau O; il la pose à terre et la tient droite, en faisant monter ou descendre le voyant d'après l'indication de l'arpenteur.

PROPOSITION I. Niveler un terrain quelconque A.

Placez le niveau bien horizontalement au point A, visez le long du bord supérieur de la règle du niveau, sans la déranger en aucune façon, et regardez la perche ou le voyant; faites élever le voyant jusqu'à la ligne de niveau, et notez la différence du terrain pour cette première station, c'est-à-dire inscrivez sur un papier le nombre de mètres et de centimètres dont la perche s'est abaissée. Lorsque le terrain est bien horizontal, la ligne de niveau vient rencontrer la perche à sa partie moyenne. Si le terrain s'élève, la ligne de niveau descend jusqu'au bas de la perche contre la terre; au contraire, la ligne de niveau s'élève jusqu'au sommet de la perche, si le terrain s'abaisse. Enlevez le niveau, mettez un jalon à la place, et reportez l'instrument à l'endroit où se trouvait la perche que vous faites éloigner, puis opérez de la même manière, en notant toujours la différence de hauteur que vous obtenez à chaque station. Lorsque vous aurez terminé le nivellement, ajoutez ensemble toutes les différences de hauteur que vous aurez notées à chaque station, en tenant compte de la hauteur du niveau, qui est d'environ un mètre, vous aurez la différence totale des niveaux ou de la hauteur d'un autre point B au point A. Si vous venez ensuite à mesurer la distance qui se trouve entre A et B, vous connaîtrez le degré d'inclinaison du terrain, c'est-à-dire de combien de centimètres par mètre ou de pouces par toise le terrain s'élève ou s'incline.

PROPOSITION II. Du piquet C conduire sur le pré une ligne qui fasse des angles égaux avec le mur AB (*fig.* 375).

Fichez près du mur AB deux piquets E, F, également éloignés du piquet C à la distance d'environ 2 ou 3 toises ; prenez la chaîne par le milieu D, et faites porter ses deux bouts, l'un au piquet E, et l'autre au piquet F ; puis, la tenant bandée de part et d'autre, fichez le piquet D, par lequel vous mènerez la ligne demandée.

PROPOSITION III. Tirer sur le terrain, et du piquet B, une ligne qui fasse un angle droit avec le mur AB (*fig.* 376).

Pliez la chaîne en deux, et, la tenant par le milieu avec un piquet C, faites porter un de ses bouts au piquet B, et l'autre à quelque distance de là, par exemple au piquet D, qu'on aura fiché à volonté contre le mur. Plantez le piquet C, tenant la chaîne tendue de part et d'autre de manière qu'il fasse un triangle isocèle BCD ; levez le bout de la chaîne qui est au piquet B, et la portez en E, prenant garde que CE soit une ligne droite avec CD, puis menez BE, qui fera un angle droit avec AB.

PROPOSITION IV. Couper l'angle ABC en deux également (*fig.* 377).

Plantez deux piquets G, H, à égale distance de la pointe de l'angle B ; prenez deux parties de la chaîne HO, GO, et BO coupera l'angle en deux.

Proposition V. Du piquet C mener une chaîne parallèle au mur AB (*fig.* 378).

Prenez avec la chaîne la distance BD égale à la distance AC.

Proposition VI. Lever le plan d'un mur AC bâti sur la descente d'une montagne, ou plutôt mesurer ce mur pour en avoir le plan (*fig.* 379).

Mesurez sa longueur par la ligne de niveau AB ou par les trois AD, EF, GB, qui, prises ensemble, sont égales à la seule de niveau AO.

Nota. Il y a de la différence entre mesurer un mur comme celui-ci pour le toisé de la maçonnerie et le mesurer pour en lever le plan. Dans le premier cas, le mur doit être mesuré par toute sa longueur AC; mais, dans le second, il faut le mesurer seulement par la longueur qu'il aurait sur des fondemens pris sans aucune pente comme LM.

Proposition VII. Lever le plan de l'angle rentrant, c'est-à-dire décrire sur le papier un angle égal à celui des deux murs ABC (*fig.* 380).

Plantez les piquets D, E, à 4 ou 5 toises ou mètres de la pointe de l'angle B; mesurez la distance qui est entre les piquets D, E, puis faites sur le papier le triangle *b*, semblable au triangle BDE, et vous aurez l'angle *b* égal à l'angle B.

Proposition VIII. Lever le plan de l'angle saillant EFO (*fig.* 381).

Attachez la chaîne par un bout à l'angle F, et le rendez vers H, faisant une ligne droite avec EF; prenez FH de 5 ou 6 toises ou mètres, et FI d'autant : mesurez la distance des deux piquets HI; faites un triangle *fih*, semblable au triangle FIH, et l'angle extérieur *ofi* sera le plan demandé.

PROPOSITION IX. Tracer sur le terrain un triangle semblable au proposé ABC (*fig.* 382).

Prenez trois parties de chaîne D, E, F, chacune d'autant de toises ou mètres qu'il y en a d'écrites sur les côtés du triangle ABC.

Observation. Les lignes se tracent sur le terrain avec une bêche ou quelque autre instrument propre à couper la terre.

PROPOSITION X. Lever le plan d'un mur composé de plusieurs angles A, B, C, D (*fig.* 383).

Tendez la chaîne AI, et dans son alignement plantez les piquets G, H, L..... vis-à-vis des angles B, C, D.....; mesurez les perpendiculaires GB, HC, LD, et toutes les parties de la chaîne AI. Tirez sur le papier une ligne *ai*, et la divisez par le moyen d'une petite échelle ou point *g, l, m, n,* comme la chaîne AI est divisée par les piquets G, L, M, N. De tous ces points *g, l, m, n,* élevez des perpendiculaires *gb, hc*......, et les terminez entre elles suivant les mesures des perpendiculaires GB, HC.....; puis, par leur extrémité, décrivez le plan demandé *a, b, c, d, i.*

Nota. Le serpentement d'une rivière se désigne de même, et le courant de l'eau se marque par une flèche, que l'on sait aller toujours la pointe devant.

PROPOSITION XI. Lever le plan d'un pré ou de telle autre pièce que l'on voudra (*fig.* 384).

Tirez une ligne au travers, par exemple, de l'angle A à l'angle B. De cette ligne, que l'on appelle ordinairement ligne maîtresse, observez la situation de tous les angles du pré (précédente).

Les lignes CE, DH....., peuvent être menées à angles égaux sur AB, par le moyen d'une grande équerre, comme on le voit sur la figure.

PROPOSITION XII. Lever le plan d'un château par le dehors (*fig.* 385).

Environnez le château par de grandes lignes maîtresses DEFC, et mesurez exactement leur longueur et l'ouverture des angles qu'elles feront entre elles. De ces lignes maîtresses, observez tout le contour du château (précédente), tenant une note exacte de la valeur de toutes les lignes et de tous les angles que vous mesurerez.

Ces grands alignemens DEFC se feront ou à la chaîne, ou seulement aux rayons visuels; et pour les angles, outre qu'on ne peut prendre les ouvertures par les manières précédentes, ils se peuvent aussi mesurer par le récipiangle, qui est un instrument composé de deux grandes règles de bois, qui s'ouvrent et se ferment à la manière d'un compas.

Un plan se commence sur les lieux par un simple brouillon qu'on fait à vue, c'est-à-dire sans règle et sans compas, mais qu'on charge de chiffres de la juste valeur des lignes et des angles qu'on mesure sur le terrain; et sur ce brouillon, on fait son plan ou dessin au net, lorsqu'on est de retour à la maison.

USAGE DU GRAPHOMÈTRE.

PROPOSITION XIII. Mesurer la largeur d'une rivière, par exemple CB (*fig.* 386).

Prenez sur le rivage une base AB de 10, 20 ou 30 mètres, plus ou moins, si la rivière est d'une largeur considérable. Posez le demi-cercle en A, et mesurez l'angle BAC, en dirigeant les deux règles de l'instrument, l'une vers B, et l'autre vers C. Mesurez de la même manière l'angle ABC.

Tirez sur votre papier une base DE d'autant de petites parties que vous aurez donné de mètres à la base AB, puis faites les angles D, E, égaux aux angles A, B, et la ligne EF contiendra autant de petites parties de l'échelle DE que la largeur BC contiendra de mètres (53 du II).

Proposition XIV. Mesurer l'angle rentrant ABC qu'un fossé plein d'eau rend inaccessible (*fig.* 387).

Mettez-vous sur le bord du fossé, à quelque endroit comme D, d'où le mur AB enfilé, et y plantez un piquet. Plantez aussi le piquet E dans l'enfilade BCE. Mesurez avec le demi-cercle les angles DE, qui, par exemple, sont l'un de 62 degrés, et l'autre de 58. Faites l'addition de ces deux angles, puis tirez leur somme 120 de 180, le reste 60 sera la valeur de l'angle B (1 du VIII).

Proposition XV. Mesurer l'angle saillant ABC, dont on ne peut approcher (*fig.* 388).

Plantez les piquets D, E, en ligne droite avec les faces AB, BC. Mesurez les angles D, E, et supposé que le premier se trouve être de 40 degrés, le deuxième de 50, le troisième B sera de 90 (1 du VIII), et l'angle ABC d'autant (19 du II).

Proposition XVI. Mesurer la courtine AB, ayant le fossé EF entre deux (*fig.* 389).

Prenez sur le bord du fossé une base à volonté, par exemple, CD de 30 mètres; des extrémités de cette base CD dirigez avec le graphomètre les rayons vers les points A et B, en observant la valeur des angles BDA, BDC, comme aussi des angles ACB, ACD; décrivez la figure *efgb*, semblable à la figure ABCD, et la base *ef*, étant faite de 30 petites parties par rapport à la base CD, qui est de 30 mètres, vous connaîtrez la longueur de la courtine AB, par le nombre de petites parties qui se trouveront comprises dans la ligne *gb*.

USAGE DU COMPAS DE PROPORTION.

Le compas de proportion (*fig.* 390), a pour jambes deux règles de cuivre, sur lesquelles il y a ordinairement quatre paires de lignes gravées, dont l'une, qu'on nomme cordes, et qui est destinée à la mesure des angles, est celle qui sert sur le terrain. Les deux lignes AB, AC, qui composent cette paire, sont divisées chacune en 180 parties, qui répondent par ordre aux 180 degrés de leur demi-cercle, comme on le voit par la figure ABC. Aux extrémités de ces deux lignes sont des pinnules qui servent à diriger les rayons visuels, et le compas est monté sur un pied avec un genou semblable à celui du graphomètre.

PROPOSITION XVII. Faire un angle de telle ouverture que l'on voudra; par exemple, soit proposé de faire un angle de 40 degrés au point L (*fig.* 390).

Prenez avec un compas commun la corde AD de 40 degrés; ouvrez le compas de proportion tant que les cordes de 60 degrés AE, AF, soient éloignées, l'une de l'autre par leurs extrémités E, F, d'une ouverture égale à celle des pointes du compas commun, c'est-à-dire, ouvrez le compas de proportion jusqu'à ce que la corde de l'arc EF se trouve égale à la corde AD, et l'angle EAF sera de 40 degrés.

Si on veut faire un angle de 50, 60 degrés, il faut ouvrir le compas de proportion jusqu'à ce que EF soit égale à la corde de 50 degrés AO, ou à celle de 60 AE, et ainsi de tous les autres angles.

PROPOSITION XVIII. Mesurer l'angle IGH (*fig.* 391).

Posez le compas de proportion à trois ou quatre pieds

de l'angle G, par exemple, en L, puis tendez des cordeaux ou chaînes LM, LN, parallèles aux deux murs GH, GI, afin d'avoir l'angle MLN, égal à l'angle IGH. Raccommodez les jambes du compas de proportion, ou pour mieux dire, dirigez leurs lignes sur les cordeaux ou chaînes LM, LN, et le compas étant ainsi ouvert, d'un angle égal au proposé, le nombre des degrés de son ouverture se trouvera comme il suit : prenez avec un compas commun la distance EF qui est entre les points de 60 degrés; portez cette ouverture de compas commun sur une des lignes des cordes, et trouvant qu'elle embrasse la corde AD de 140 degrés, concluez que l'angle est ouvert de 140 degrés.

USAGE DE LA PLANCHETTE.

PROPOSITION XIX. Tirer une ligne sur le terrain, qui réponde à la ligne AB proposée sur la planchette (*fig.* 392).

Fichez sur la ligne proposée AB deux épingles, l'une à l'extrémité A, et l'autre à l'extrémité B ; plantez dans le terrain un piquet P, directement au-dessous de l'épingle A ; attachez la chaîne par un bout à ce piquet P, et quelqu'un portant l'autre bout vers un piquet C, faites diriger la chaîne PS sous la ligne AB, je veux dire, faites planter le piquet C dans le rayon visuel ABC, et la chaîne étant bien tendue fera la ligne demandée.

PROPOSITION XX. Un angle ABC étant proposé sur la planchette, en aligner un semblable sur le terrain (*fig.* 393).

Tendez sur le terrain les chaînes BD, BE, précisément sous les lignes BA, BC (précédente).

PROPOSITION XXI. Du point O, donné sur la planchette, tirer une ligne vers quelqu'endroit proposé, vers le clocher F (*fig.* 394).

Fichez une épingle bien à plomb au point O, et regardant le clocher F par le bas de cette épingle, plantez dans le rayon visuel OF, et vers le bord de la planchette une autre épingle H, puis tirez la ligne demandée OH.

PROPOSITION XXII. Mesurer une largeur inaccessible, par exemple, celle d'un marais AB (*fig.* 395).

Placez la planchette à quelqu'endroit comme C, d'où vous puissiez aller en ligne droite vers les buts A et B, et d'un point C pris sur la planchette, dirigez les rayons, savoir, CD vers A, et CE vers B. Mesurez les longueurs CA, CB, et les raccourcissez proportionnellement sur la planchette, par le moyen d'une petite échelle : par exemple, si CA est de 36 mètres et CB de 30, prenez sur l'échelle GH 36 petites parties pour CD, 30 pour CE, et le nombre des petites parties de la ligne DE vous fera connaître combien il y aura de mètres du point A au point B (58 du II).

PROPOSITION XXIII. Étant donné un plan sur la planchette, en tracer un semblable sur le terrain (*fig.* 396).

Posez la planchette dans le milieu du terrain où vous devez exécuter le plan proposé, qui, par exemple, est d'un petit fort, dont la longueur de chaque rayon est connue par les chiffres qui sont écrits dessus. Dirigez avec la chaîne des rayons sur le terrain qui répondent à ceux du plan donné sur la planchette (1); par exemple, le rayon DA est marqué de 124 mètres, prenez la chaîne DE de 124 mètres, et ainsi du reste (6 du VI).

Proposition XXIV. Lever le plan d'une place, et 1° du bastion DED (*fig.* 397).

Posez la planchette dans la gorge du bastion, à l'endroit A, d'où vous pourrez enfiler les deux courtines BC, BC. Du point A, pris sur la planchette, dirigez des rayons vers tous les angles du bastion; mesurez les rayons AB, AD, AE......; raccourcissez ces rayons proportionnellement sur la planchette par le moyen d'une échelle IL; menez FG, GH, HG........ et vous aurez le plan du bastion proposé. Mettez une autre feuille de papier sur la planchette, puis faites le plan du bastion suivant, et passez ainsi de bastion en bastion jusqu'au dernier, en observant la longueur des courtines. Tous les bastions de la place étant tracés avec leurs courtines sur autant de morceaux de papier, vous les assemblerez sur une table (*fig.* 398), et si la clôture du plan ne se trouve pas juste, c'est-à-dire, si assemblant ces parties la première ne se rapporte pas tout-à-fait avec la dernière, il faudra regagner ce défaut en ouvrant ou resserrant tant soit peu chaque angle de la figure.

Proposition XXV. Lever la situation de plusieurs villages en même temps, par exemple, de trois villages ABC (*fig.* 399).

Choisissez un terrain où vous puissiez avoir une base de 8 [ou 900 mètres et plus s'il est possible, et que de ces extrémités E, G, on découvre les villages proposés. A l'une des extrémités de cette base, comme E et du point E, pris sur la planchette, dirigez des rayons vers les clochers ou lieux apparens de ces villages, et un autre rayon vers le piquet G; de ce dernier rayon faites une base sur la planchette, qui réponde à celle que vous avez prise sur le terrain, et écrivez sur chaque rayon le nom du village où il est dirigé. Transportez la planchette en G, et la tournez de sorte que la base *ed*, que vous avez tirée dessus, se trouve au-dessus de celle du terrain EG; puis, du point G, pris sur la planchette, dirigez aussi des rayons vers les villages A, B, C, et les points *a, c, b*, où ils couperont les rayons de la première station, seront en distance avec leurs bases *ed*, comme les trois villages A, B, C, avec leur base EG.

Nota. En dirigeant les rayons visuels, il faut avoir soin que la planchette soit toujours de niveau, et jamais inclinée; cette circonstance est absolument nécessaire pour bien réussir.

PROPOSITION XXVI. Conduire du point A une ligne parallèle à la muraille CD, de laquelle on ne peut approcher (*fig.* 400).

Plantez la planchette B assez éloignée du point A; du point B, dirigez sur la planchette des rayons vers les points A, C, D; transportez la planchette en A, et la posez de telle sorte que le rayon AI fasse partie du rayon AB. Du point A, dirigez les rayons AC, AD, et par les points où ils couperont ceux de la première station, menez FH, qui sera parallèle à CD. Menez sur la planchette la ligne AO parallèle à FH, et sous cette ligne tirez sur le terrain la ligne demandée AL.

PROPOSITION XXVII. Tirer une ligne vers un lieu qu'on ne voit pas (*fig.* 401).

Supposé que la montagne M empêche qu'on ne voie du point B le lieu A, vers lequel on doit tirer une ligne. Avancez en quelque endroit C, d'où vous puissiez découvrir les deux points A et B. En ce lieu, et du point C pris sur la planchette, dirigez des rayons vers A et B, et un troisième vers un autre point comme D, d'où l'on pourra aussi découvrir les mêmes points A et B. Transportez la planchette en D, et la plantez de manière que le rayon DG, pris sur la planchette, se trouve sur le rayon DG; puis du point D dirigez les seconds rayons DA, DB. Des points E, F, où ces rayons couperont les premiers, menez la ligne EF; et enfin faites l'angle HBI égal à l'angle DEF, et BI sera dirigée vers le lieu proposé A.

PROPOSITION XXVIII. Diviser le pré BF en deux parties égales par une ligne droite menée du point G (*fig.* 402).

Levez le plan du pré proposé. Divisez ce plan HI en deux également par la ligne LM (12ᵉ du V). Mesurez exactement OM, MI, puis coupez RF en S, comme OI l'est en M, et la ligne GS fera le partage demandé.

PROPOSITION XXIX. Mesurer la hauteur d'un bâtiment AB, qui est à plomb sur un pavé bien de niveau AG (*fig.* 403).

Posez la planchette bien à-plomb en quelque lieu commode, par exemple, en C. Tirez sur cette planchette la parallèle DH. Du point D, tirez le rayon DE vers l'extrémité du bâtiment B. Prolongez ce rayon jusque sur le pavé en G. Voyez le nombre de pieds qu'il y a entre A et G; coupez DH d'autant de petites parties. Elevez la perpendiculaire HE, elle contiendra autant de petites parties de la ligne DH que la hauteur AB contiendra de pieds (53ᵉ du II).

PROPOSITION XXX. Mesurer la hauteur AB, dont on ne saurait approcher (*fig.* 404).

Tirez sur la planchette une base *cd*. A la hauteur de cette base, tendez un fil NM par le moyen de deux bâtons, comme on le voit par la figure. Sur ce fil, marquez une longueur CD de 7 ou 8 pieds ou plus, qui servira de base pour le terrain. Du point *d*, dirigez sur la planchette deux rayons, l'un vers A, et l'autre vers B. Transportez la planchette en E, et l'ajustez de manière que le point c se trouve sur le point C, de même que la base cd sur la base CD. Tirez du point c deux autres rayons vers les points A et B, et les points où ils couperont les premiers rayons donneront la hauteur os, qui sera à la petite base cd comme AB est à la grande base CD.

PROPOSITION XXXI. Mesurer sur le terrain inégal et penchant FH une hauteur inaccessible AB (*fig.* 405).

Cette proposition est la même que la précédente, et la différence de terrain ne change rien dans l'opération.

PROPOSITION XXXII. Mesurer la hauteur de la montagne AB (*fig.* 406).

Posez la planchette bien à-plomb au pied de la montagne. Dirigez un rayon visuel GD par le côté supérieur de la planchette. Transportez la planchette en D, et là dirigez un autre rayon de niveau GE. Continuez la même chose jusqu'au sommet A, et le nombre de stations donnera la hauteur AB : car supposé 10 stations, la planchette ayant 4 pieds de haut, ce sera 40 pieds pour la hauteur de la montagne. Par le même moyen, on connaîtra la pente AC et la distance BC, en mesurant les rayons GD, GE, GF. (*Voy.* la manière de niveler dans l'introduction.)

PROPOSITION XXXIII. Mesurer le talus du rempart AB (*fig.* 407).

Prenez une pique et attachez au bout un plomb qui descende au bas du fossé; tenez cette pique couchée sur le haut du rempart, et l'avancez jusqu'à ce que le plomb tombe sur le défaut du talus B; la saillie AD dans le fossé sera égale à la mesure demandée CB (38° du II).

PROPOSITION XXXIV. Mesurer la hauteur des étages, fenêtres, portes, et autres parties de la face d'une maison (*fig.* 408).

Placez-vous à quelque distance de la maison, par exemple en A, et vous tenant arrêté ferme et sans mouvoir la tête, marquez sur une règle OG, qu'on tiendra droite devant vous, le passage des rayons visuels par lesquels vous verrez les hauteurs à mesurer, et les parties DFIGH seront entre elles comme les parties DEHLC.

Mesurez ensuite avec un pied ou mètre la partie inférieure du bâtiment DE qui est inaccessible, et supposé qu'elle se trouve être de 8 pieds, divisez FB en huit parties égales, cette division sera une échelle pour mesurer les parties FIKG.

L'application des fig. 409 et 410 se trouve à la fin de l'introduction.

FIN.

TABLE

DES MATIÈRES.

Préface importante. 1

Introduction ; de l'arpentage en général, instrumens, réduction des mètres en hectares ; valeur de l'arc, de sa réduction en anciennes mesures par une division, par une multiplication. 4

Tables de réductions de la perche de 18 pieds et 20 pieds. 5

Réduction de l'arc, hectare en perches de 18 pieds, en perches de 22 pieds, et autres réductions : lois et usages du bornage. 6

Modèle d'un compromis pour une limite de terrain. 7

Modèle de procès-verbal d'arbitrage et de procès-verbal d'arpentage. 8

Des couleurs qui entrent dans le lavis d'un plan, les couleurs conventionnelles. 10

Principes de toisé ; manière de reconnaître combien il faut de carreaux pour carreler un appartement ; du toisé des couvertures. *Ib.*

Du toisé des bois de charpente, carrés et en grume ; méthodes particulières et très-simples ; du jaugeage ; méthode pour jauger. 11-12

Méthode pour tracer une méridienne ; des progressions arithmétiques. 13

Manière de se régler pour écrire sans qu'on puisse s'en apercevoir ; ponce ; du transparent. *Ib.*

Notice sur la manière de mouler les lettres et de tracer un cœur. 14-15

CHAPITRE Ier.

DÉFINITIONS.

Du point, des lignes, des parallèles, de l'angle droit, obtus, de la perpendiculaire. — 17-18

De l'angle alterne et opposé, de la surface, de la surface plane, courbe, de l'assiette des plans, de la figure, des polygones. — 19

Du triangle, rectangle, ambligone, oxigone, équilatéral, isocèle, scalène; du carré, du rectangle, du parallélogramme, du lozange, du trapèze, de la base, du cercle, du diamètre, du rayon. — 20-21

Des degrés, minutes, secondes, de l'arc, de la corde, du périmètre, de la mesure de l'arc et de l'angle, de la tangente, de la sécante, du demi-cercle, du segment, du secteur. — 22-23

De l'ovale, de l'ellipse, de la figure équiangle, équilatérale, concentrique, excentrique, des supplémens et complémens. — 24

Du gnomon, de la diagonale, des parties communes, de la quantité, de la raison de deux quantités. — 25

Des termes de raison, des antécédens et conséquens, des raisons semblables et égales des termes proportionnels, de la proportion, des termes de la proportion, des termes moyens et extrêmes, des termes en proportion continue, de la raison double et triple. — 26

De la raison inverse, alterne, de la proportion d'égalité, de la proportion de composition. — 27-28

De la proportion de division, des lignes semblables, des termes homologues, réciproques, des plans égaux, de la similitude des plans, de leur hauteur, des lignes inscrites et circonscrites, de la surface d'une ligne. — 29

De l'échelle, de l'hypoténuse, du théorème, du corollaire, de l'axiome. — 30

CHAPITRE II.

NOTIONS PRINCIPALES.	31
De la proportion inverse, alterne, d'égalité.	32
De la proportion de composition.	33
De la proportion de division.	34

CHAPITRE III.

DES LIGNES, DES ANGLES, DES FIGURES, ET DE LEUR DIVISION.

PROPOSITION I. Couper une ligne droite en deux parties égales.	52
PROP. II. Couper un arc en deux également.	Ib.
PROP. III. Partager un angle rectiligne en deux également.	53
PROP. IV. Du point donné dans une ligne droite élever une perpendiculaire.	Ib.
PROP. V. Elever une perpendiculaire à l'extrémité d'une ligne.	54
PROP. VI. Abaisser une perpendiculaire sur une ligne droite.	Ib.
PROP. VII. Sur un angle rectiligne élever une ligne droite qui fasse des angles égaux de part et d'autre.	Ib.
PROP. VIII. Par un point donné mener une ligne parallèle à une autre.	55
PROP. IX. Faire un angle semblable à un autre, ou de la manière de le copier.	Ib.
PROP. X. Trouver la valeur d'un angle par le moyen du rapporteur.	Ib.
PROP. XI. Faire un angle de tel nombre de degrés que l'on voudra.	Ib.
PROP. XII. Partager un angle en parties impaires.	56
PROP. XIII. Décrire une spirale.	Ib.

Prop. XIV. Tracer la volute ionique; 57

Prop. XV. Sur une ligne droite décrire un polygone, depuis six jusqu'à douze côtés. 58

Prop. XVI. Décrire un polygone depuis douze jusqu'à vingt-quatre côtés. ib.

Prop. XVII. Inscrire tel polygone qu'on voudra dans un cercle. 59

Prop. XVIII. Décrire un polygone équilatéral sur une base donnée. ib.

Prop. XIX. Construire un carré sur une base donnée. ib.

Prop. XX. Inscrire un triangle équilatéral dans un cercle. 60

Prop. XXI. Inscrire un exagone régulier. ib.

Prop. XXII. Inscrire un carré. ib.

Prop. XXIII. Inscrire un octogone régulier. ib.

Prop. XXIV. Inscrire tel polygone régulier qu'on voudra avec le rapporteur. 61

Prop. XXV. Construire un exagone régulier sur une base donnée. ib.

Prop. XXVI. Décrire un dodécagone régulier sur un côté proposé. ib.

Prop. XXVII. Sur une base donnée décrire un octogone. ib.

Prop. XXVIII. Sur une base donnée décrire tel polygone qu'on voudra. ib.

Prop. XXIX. Inscrire un eptagone dans un cercle. ib.

Prop. XXX. Inscrire un ennéagone. 63

Prop. XXXI. Sur une base donnée décrire un ennéagone régulier. ib.

Prop. XXXII. Décrire un triangle semblable à un autre. ib.

Prop. XXXIII. Décrire sur une base donnée un triangle semblable à un autre. ib.

Prop. XXXIV. Décrire une figure rectiligne semblable à une autre. 64

Prop XXXV. Sur une base donnée décrire une figure semblable à une autre. 64

Prop. XXXVI. Construire une figure semblable à une autre par le moyen d'une échelle. 65

Prop. XXXVII. Trouver le centre d'un cercle. ib.

Prop. XXXVIII. Achever un cercle commencé dont le centre est perdu. ib.

Prop. XXXIX. Trouver le milieu de trois points, ou décrire un cercle par trois points donnés. 66

Prop. XL. Mener une ligne droite par un point donné. ib.

Prop. XLI. Trouver le point par où un cercle est touché par une ligne. ib.

Prop. XLII. Décrire sur une ligne droite un segment de cercle égal à un angle donné. 67

Prop. XLIII. Décrire sur une ligne un polygone régulier dont l'angle du centre est donné. ib.

Prop. XLIV. Couper d'un cercle un segment égal à un angle donné. 68

Prop. XLV. Inscrire dans un cercle un triangle semblable à un autre. ib.

Prop. XLVI. Inscrire dans un triangle un cercle. ib.

Prop. XLVII. Décrire un cercle autour d'un triangle. 69

Prop. XLVIII. Autour d'un cercle décrire un triangle semblable à un triangle donné. ib.

Prop. XLXIX. Autour d'un cercle circonscrire un carré. ib.

Prop. L. Autour d'un cercle circonscrire un polygone régulier. 70

Prop. LI. Diviser une ligne droite en autant de parties égales que l'on voudra. ib.

Prop. LII. Autre manière de diviser une ligne. 71

Prop. LIII. Faire diverses échelles sur des longueurs inégales. ib.

Prop. LIV. Diviser une ligne en plusieurs parties qui soient entre elles comme les parties d'une autre ligne. 72

Prop. LV. A deux lignes données trouver une troisième proportionnelle. ib.

Prop. LVI. Trouver une quatrième proportionnelle à trois lignes données. ib.

Prop. LVII. Trouver une moyenne proportionnelle. 73

Prop. LVIII. Faire un triangle de trois lignes droites égales à trois lignes droites données. ib.

Prop. LIX. Autre manière de trouver une moyenne proportionnelle. ib.

Prop. LX. D'une ligne donnée couper une partie qui soit moyenne proportionnelle entre le reste et une autre ligne. 74

Prop. LXI. Trouver deux lignes moyennes proportionnelles entre deux autres proposées, tellement qu'elles soient en proportion continue. ib.

Prop. LXII. Decrire un ovale sur une longueur donnée. 75

Prop. LXIII. Décrire un ovale sur une longueur et une largeur données. 76

Prop. LXIV. Trouver le petit et le grand diamètre d'une ovale. ib.

Prop. LXV. Diviser la circonférence d'un cercle en 360 degrés. ib.

Prop. LXVI. Diviser le contour d'un plan en plusieurs parties égales. 77

Prop. LXVII. Trouver une ligne droite égale à une ligne courbe. ib.

CHAPITRE IV.

RÉDUCTION OU TRANSFORMATION DES PLANS OU FIGURES.

Proposition Ire. Du triangle scalène ABC faire un triangle isocèle, ou, ce qui est la même chose, décrire un triangle isocèle égal au scalène proposé. 78

Prop. II. Réduire en triangle le parallélogramme BD. 78
Prop. III. Réduire le triangle ABC en parallélogramme. ib.
Prop. IV. Faire un parallélogramme du triangle ABC sans changer l'angle A. 79
Prop. V. Faire un rectangle du parallélogramme STRO. ib.
Prop. VI. Décrire un rectangle égal au triangle ABC. ib.
Prop. VII. Réduire en triangle le quadrilatère ABCD. ib.
Prop. VIII. Donner au triangle ABC la hauteur BD. 80
Prop. IX. Abaisser le triangle ABC à la hauteur AD. ib.
Prop. X. Hausser le triangle IKL jusqu'au point M. ib.
Prop. XI. ABC est un autre triangle qu'on veut abaisser au point D. ib.
Prop. XII. Réduire le quadrilatère ABCD en parallélogramme rectangle. 81
Prop. XIII. Réduire le trapèze ABCD en un triangle qui ait son angle supérieur en E. ib.
Prop. XIV. Faire du pentagone ABCDE un quadrilatère CDEF. ib.
Prop. XV. Réduire en triangle le pentagone APONR. ib.
Prop. XVI. Réduire en triangle le quadrilatère ABCD, qui a un angle rentrant BAD. ib.
Prop. XVII. Décrire un triangle égal au pentagone régulier ABD. 82
Prop. XVIII. Réduire le pentagone AD en triangle sur le côté AB. ib.
Prop. XIX. Réduire l'exagone ABCDE en triangle AFL. ib.
Prop. XX. Du pentagone ABCDE faire un triangle qui ait son angle supérieur en O, et la base dans la ligne SV. 83
Prop. XXI. Du pentagone ABLD faire un triangle de la hauteur IL. ib.
Prop. XXII. Décrire sur la ligne BD et sur l'angle ABD un triangle égal au triangle ABC. ib.

Prop. XXIII. Décrire sur la ligne AF un triangle égal au pentagone ABD. 85

Prop. XXIV. Réduire en triangle le plan ABCDE, qui a un angle rentrant. *ib.*

Prop. XXV. Réduire en triangle le plan ABCDEF. 84

Prop. XXVI. Alonger le parallélogramme MC sur la longueur MA. *ib.*

Prop. XXVII. Réduire le parallélogramme CNOP à la longueur CR. *ib.*

Prop. XXVIII. Décrire un carré égal au rectangle BG. *ib.*

Prop. XXIX. Réduire le plan ABCDE entre les deux parallèles BF, AD. 85

Prop. XXX. Réduire en parallélogramme le quadrilatère DOPR, qui a déjà les côtés DR, PO parallèles. *ib.*

Prop. XXXI. Décrire un triangle équilatéral égal au scalène ABC. *ib.*

Prop. XXXII. Du triangle ABC faire un triangle semblable au proposé O. 86

Prop. XXXIII. Tirer une ligne parallèle à DE, qui fasse, avec l'augle A, un triangle égal au triangle ABC. *ib.*

Prop. XXXIV. On demande que le côté AB du pentagone ABD soit parallèle à CE. *ib.*

Prop. XXXV. Le parallélogramme ABEG étant proposé, diriger son côté AB vers le point D. 87

Prop. XXXVI. Diriger le côté AB du triangle AC vers le point D. *ib.*

Prop. XXXVII. Diriger vers le point D, le côté AB du plan ABG. *ib.*

Prop. XXXVIII. Décrire un exagone régulier égal au triangle ABC. *ib.*

Prop. XXXIX. Décrire un pentagone régulier égal à l'irrégulier ABD. 88

Prop. XL. Le triangle ABC est donné pour en faire un polygone semblable au polygone DG. 89

Prop. XLI. Décrire une figure semblable à la figure HK, qui contienne autant de surface que la figure CE. 90

Prop. XLII. Décrire un triangle égal au cercle ABD. *ib.*

Prop. XLIII. Autre manière de décrire un triangle égal à un cercle. 91

Prop. XLIV. Réduire en cercle le triangle ABC. *ib.*

Prop. XLV. Décrire sur la ligne droite GF une ovale égale au cercle ABC. 92

Prop. XLVI. Décrire un cercle égal à l'ovale GLMF. *ib.*

CHAPITRE V.

DIVISION DES PLANS.

Proposition Ire. Partager le triangle ABC en trois parties égales par des lignes tirées de l'angle C. 93

Prop. II. Partager le quadrilatère BD en deux également par une ligne tirée de l'angle C. *ib.*

Prop. III. Partager le quadrilatère AC en deux par une ligne menée de l'angle B. *ib.*

Prop. IV. Diviser le quadrilatère AC en trois également par deux lignes menées de l'angle D. *ib.*

Prop. V. Conduire de l'angle A des lignes qui partagent le pentagone CD en trois parties égales. 94

Prop. VI. Diviser le pentagone BM en quatre parties égales par des lignes tirées du point A. *ib.*

Prop. VII. Diviser le plan BC en six parties égales par des lignes menées à l'angle A. 95

Prop VIII. Tirer de l'angle A une ligne qui partage le plan BCE en deux également. *ib.*

Prop. IX. Diviser le plan BE en deux également par une ligne menée de l'angle A. 96

Prop. X. Diviser le triangle ABC en trois parties égales par des lignes conduites au point D. *ib.*

Prop. XI. Diviser le pentagone RS en trois parties égales par des lignes tirées du point F. *ib.*

Prop. XII. Tirer du point G une ligne qui divise le plan ACF en deux également. *ib.*

Prop. XIII. Partager le pentagone ABO en trois parties égales par des lignes tirées du point F, en sorte que la ligne AF fasse une des divisions. 97

Prop. XIV. Partager en trois parties égales le pentagone régulier ACE par des lignes tirées du centre B. *ib.*

Prop. XV. Diviser le triangle ABC en trois parties égales par des lignes menées au point D, pris hors du triangle. 98

Prop. XVI. Diviser le parallélogramme BD en quatre parties égales par des lignes conduites au point E. *ib.*

Prop. XVII. Mener du point F des lignes qui partagent le pentagone ABD en trois parties égales. *ib.*

Prop. XVIII. Partager en trois également le triangle ABC par des lignes tirées au point D, E, pris dans la base AB, qui est coupée en trois parties inégales. 99

Prop. XIX. Le trapèze AC ayant les côtés proposés AB, CD parallèles, est donné pour être partagé en trois également par les points E, F, qui divisent la base AB en trois parties égales. *ib.*

Prop. XX. Le trapèze HK a les côtés IH comme KS parallèles, et l'on veut le partager en trois parties égales par les points L, M, qui divisent inégalement la base IH. *ib.*

Prop. XXI. Des points D, C, pris comme on voudra dans la base AI, partager le quadrilatère AB en trois parties égales. 100

Prop. XXII. Diviser du point D le plan BV en deux parties qui soient entre elles comme les deux parties de la ligne RS. *ib.*

Prop. XXIII. Partager le plan CF en trois parties égales sur trois parties égales AILB. 101

Prop. XXIV. Partager le plan CF en deux parties qui soient entre elles comme les parties AN, NB de la base AB. ib.

Prop. XXV. Partager le triangle ABC en trois parties égales par des lignes parallèles au côté AC. 102

Prop. XXVI. Partager le parallélogramme AC en trois parties égales par des lignes parallèles aux côtés AD, BC. ib.

Prop. XXVII. Diviser le trapèze régulier AIML en trois parties égales par des lignes parallèles au côté AL. ib.

Prop. XXVIII. Diviser le quadrilatère ABCD en deux parties égales par une ligne parallèle au côté BD. ib.

Prop. XXIX. Partager le quadrilatère AC en deux également par une ligne qui soit parallèle au côté BC. 103

Prop. XXX. Partager l'exagone régulier AD en quatre parties égales par des lignes parallèles à la diagonale CF. ib.

Prop. XXXI. Partager l'exagone régulier ABD en trois parties égales qui soient concentriques. 104

Prop. XXXII. Du carré AC en faire trois qui soient égaux entre eux. ib.

Prop. XXXIII. Du carré AC en faire trois autres qui soient entre eux comme les rectangles AE, RF. ib.

CHAPITRE VI.

MANIÈRE D'ASSEMBLER LES PLANS, DE LES RETRANCHER LES UNS DES AUTRES, ET DE LES AGRANDIR OU DIMINUER SELON QUELQUE QUANTITÉ PROPOSÉE.

Proposition Ire. Décrire un triangle égal aux trois plans ABC. 105

Prop. II. Assembler plusieurs plans rectilignes et semblables ABCD en un seul qui leur soit aussi semblable. ib.

Prop. III. Décrire un cercle égal aux trois cercles ABC. 106

Prop. IV. Retrancher du triangle ABC une partie égale au pentagone D. *ib.*

Prop. V. Oter du plan AEB une partie égale au triangle AFG. *ib.*

Prop. VI. Réduire une figure en petit. *ib.*

Prop. VII. Décrire sur la base GH une figure semblable à la figure AD. *ib.*

Prop. VIII. Décrire un polygone semblable au polygone AH, mais plus petit de moitié; c'est-à-dire, contenant la moitié moins de surface. 107

Prop. IX. Diminuer le carré BD, de la valeur du plan E. *ib.*

Prop. X. Retrancher de l'exagone irrégulier ABD un autre exagone semblable, la différence des deux restant égale au plan G. 108

Prop. XI. Réduire une figure en grand. *ib.*

Prop. XII. Doubler, tripler ou quadrupler le plan BC. 109

Prop. XIII. Multiplier le cercle BCD autant qu'on voudra. *ib.*

Prop. XIV. Décrire un polygone qui soit au polygone H en raison de trois à deux. *ib.*

Prop. XV. Décrire sur la base EF une figure semblable à la figure AC. 110

CHAPITRE VII.

DU TOISÉ DES PLANS.

Observations. 110
Proposition Ire. Mesurer la surface du rectangle AC. 111
Prop. II. Trouver la surface du parallélogramme EFGH 113
Prop. III. Trouver la surface du triangle ABC. *ib.*
Prop. IV. Trouver la surface du quadrilatère GL, dont les côtés GH, IL sont parallèles. *ib.*
Prop. V. Trouver la surface de quadrilatère ABCD. 114

Prop. VI. Trouver la surface d'un polygone régulier. 114
Prop. VII. Trouver la surface d'un polygone irrégulier. ib.
Prop. VIII. Trouver la surface d'un cercle. 115
Prop. IX. La valeur du diamètre d'un cercle étant donnée, trouver la valeur de la circonférence. ib.
Prop. X. Mesurer le demi-cercle DOF. ib.
Prop. XI. Trouver la surface du secteur POR. ib.
Prop. XII. Trouver la surface d'un grand segment de cercle ABC. 116
Prop. XIII. Trouver la surface du petit segment EFG. ib.
Prop. XIV. Trouver la surface de l'ovale AF. ib.
Prop. XV. Trouver la surface d'un terrain dont le contour est tout à fait irrégulier. ib.
Prop. XVI. Trouver la surface d'une sphère. ib.

CHAPITRE VIII.

TRIGONOMÉTRIE, OU TRIANGLES PAR LE CALCUL.

Proposition Ire. La valeur des deux angles A et B du triangle ABC étant connue, trouver la valeur du troisième. 119

USAGE DES SINUS.

Prop. II. La valeur des angles A et B et du côté AC étant connue, trouver celle du côté BC. ib.
Prop. III. La valeur des côtés BC, AC, et de l'angle A étant connue, trouver celle de l'angle B. 120
Prop. IV. Trouver la valeur du côté BC opposé à l'angle A, qui est obtus. ib.

USAGE DES TANGENTES ET DES SÉCANTES.

Prop. V. L'angle A étant droit, et l'angle B connu avec le

12

côté d'entre-deux, donner la valeur de la perpendiculaire AC et de l'hypoténuse AC. 121

Prop. VI. Les côtés AB, AC composant un angle droit étant connus, trouver l'hypoténuse BC. *ib.*

Prop. VII. L'hypoténuse BC étant connue avec le côté AC, trouver l'autre côté AB, qui fait l'angle droit BAC. *ib.*

Prop. VIII. Les côtés AB, AC composant l'angle droit A étant connus, trouver les deux angles B et C. 122

Prop. IX. L'angle A et les côtés qui le composent étant connus, trouver les autres angles. *ib.*

Prop. X. L'angle B étant connu avec les côtés qui le composent, trouver la perpendiculaire CE. *ib.*

Prop. XI. L'angle B et les côtés AB, BC étant connus, trouver la perpendiculaire CE. 123

Prop. XII. Les trois côtés du triangle ABC étant connus, trouver la valeur de l'angle C. *ib.*

Prop. XIII. Les trois côtés du triangle ABC étant connus, trouver la valeur de l'angle A, qui est obtus. 124

Prop. XIV. Connaître la valeur de l'angle A, qui est aigu. *ib.*

Prop. XV. Les angles A, B, et le côté BC étant connus, trouver par les logarithmes la valeur du côté AC. 125

Prop. XVI. Nous disons que l'arc DF, coupé suivant la 29ᵉ du chapitre III, est à peu près la 7ᵉ partie de la circonférence du cercle, on veut savoir en quoi consiste cet à peu près. 126

Examen de la proposition XXX du chapitre III. *ib.*

Prop. XVII. On dit que l'arc DH, coupé selon la 30ᵉ du III, est à peu près la 9ᵉ partie de son cercle, et l'on veut savoir s'il est plus grand ou plus petit, et de combien. *ib.*

Examen de la proposition XXXI du chapitre III. 127

Prop. XVIII. Supposé le segment du cercle AGB, décrit sur la droite AB, l'on veut savoir la différence qu'il y a entre l'angle AFB et le vrai angle au centre d'un ennéagone régulier. *ib.*

CHAPITRE IX.

STÉRÉOMÉTRIE, OU DES CORPS SOLIDES.

Définitions.	128
TOISÉ DES SOLIDES.	130
PROPOSITION Ire. Mesurer un cube ou un parallélipipède.	131
PROP. II. Mesurer le prisme triangulaire BF.	135
PROP. III. Mesurer le talus d'un rempart.	ib.
PROP. IV. Soit proposé de mesurer le prisme CH, dont les plans rectangles ABCD, GHIK sont parallèles entre eux.	136
PROP. V. Mesurer le corps DF, composé d'un parallélipipède et de deux prismes.	ib.
PROP. VI. Mesurer une pyramide.	137
PROP. VII. Mesurer le reste d'une pyramide dont la surface supérieure est parallèle à la base.	138
PROP. VIII. Mesurer l'exaèdre irrégulier AG, dont les surfaces opposées et parallèles ABCD, EFGH, sont deux rectangles inégaux et dissemblables.	ib.
PROP. IX. Mesurer un canal ou fossé AC, pour savoir la quantité de terre qui en a été tirée.	139
PROP. X. Mesurer la maçonnerie qui fait le tour ou le bord d'un bassin de fontaine.	140
PROP. XI. Mesurer le bord d'un bassin rond.	ib.
PROP. XII. Mesurer le solide du talus AF, qui fait un angle droit rentrant BHL.	ib.
PROP. XIII. Mesurer le talus de l'angle saillant CEG.	ib.
PROP. XIV. Mesurer le solide ou talus ABE.	141
PROP. XV. Mesurer le talus de l'angle rentrant DLF, qui est obtus.	ib.
PROP. XVI. Mesurer le dodécaèdre régulier A.	ib.

Prop. XVII. Toiser un puits. 141

Prop. XVIII. Toiser des voûtes. 142

Prop. XIX. Mesurer une sphère. 143

Prop. XX. Mesurer le contenu d'un tonneau ou le cuber. ib.

Prop. XXI. Mesurer une certaine quantité de liqueur proposée. 144

Observations. ib.

CHAPITRE X.

PRATIQUE SUR LE TERRAIN, OU MANIÈRE DE LEVER LES PLANS, DE LES TRACER ET DE MESURER TOUTES SORTES DE DIMENSIONS INACCESSIBLES.

Des instrumens d'arpentage et de leur usage. 147

Tracé des perpendiculaires et parallèles à l'équerre. 149

Du nivellement. 150

Niveler un terrain. ib.

Proposition I. Niveler un terrain quelconque. 151

Prop. II. Du piquet C conduire sur le pré une ligne qui fasse des angles égaux avec le mur AB. ib.

Prop. III. Tirer sur le terrain, et du piquet B, une ligne qui fasse un angle droit avec le mur AB. ib.

Prop. IV. Couper l'angle ABC en deux également. ib.

Prop. V. Du piquet C mener une chaine parallèle au mur AB. 152

Prop. VI. Lever le plan d'un mur AC bâti sur la descente d'une montagne, ou plutôt mesurer ce mur pour en avoir le plan. ib.

Prop. VII. Lever le plan de l'angle rentrant B, c'est-à-dire, décrire sur le papier un angle égal à celui des deux murs ABC. ib.

Prop. VIII. Lever le plan de l'angle saillant EFO. 152

Prop. IX. Tracer sur le terrain un triangle semblable au proposé ABC. *ib.*

Prop. X. Lever le plan d'un mur composé de plusieurs angles A, B, C, D. *ib.*

Prop. XI. Lever le plan d'un pré ou de telle autre pièce de terre que l'on voudra. *ib.*

Prop. XII. Lever le plan d'un château par le dehors. 154

USAGE DU GRAPHOMÈTRE.

Prop. XIII. Mesurer la largeur d'une rivière, par exemple, CB. *ib.*

Prop. XIV. Mesurer l'angle rentrant ABC, qu'un fossé plein d'eau rend inaccessible. 155

Prop. XV. Mesurer l'angle saillant ABC, dont on ne peut approcher. *ib.*

Prop. XVI. Mesurer la courtine AB, ayant le fossé EF entre deux. *ib.*

USAGE DU COMPAS DE PROPORTION.

Prop. XVII. Faire un angle de telle ouverture que l'on voudra, par exemple, soit proposé de faire un angle de 40 degrés au point L. 156

Prop. XVIII. Mesurer l'angle IGH. *ib.*

USAGE DE LA PLANCHETTE.

Prop. XIX. Tirer une ligne sur le terrain qui réponde à la ligne AB proposée sur la planchette. 157

Prop. XX. Un angle ABC étant proposé sur la planchette, en aligner un semblable sur le terrain. *ib.*

Prop. XXI. Du point O donné sur la planchette, tirer une ligne vers quelque endroit proposé, vers le clocher F. 158

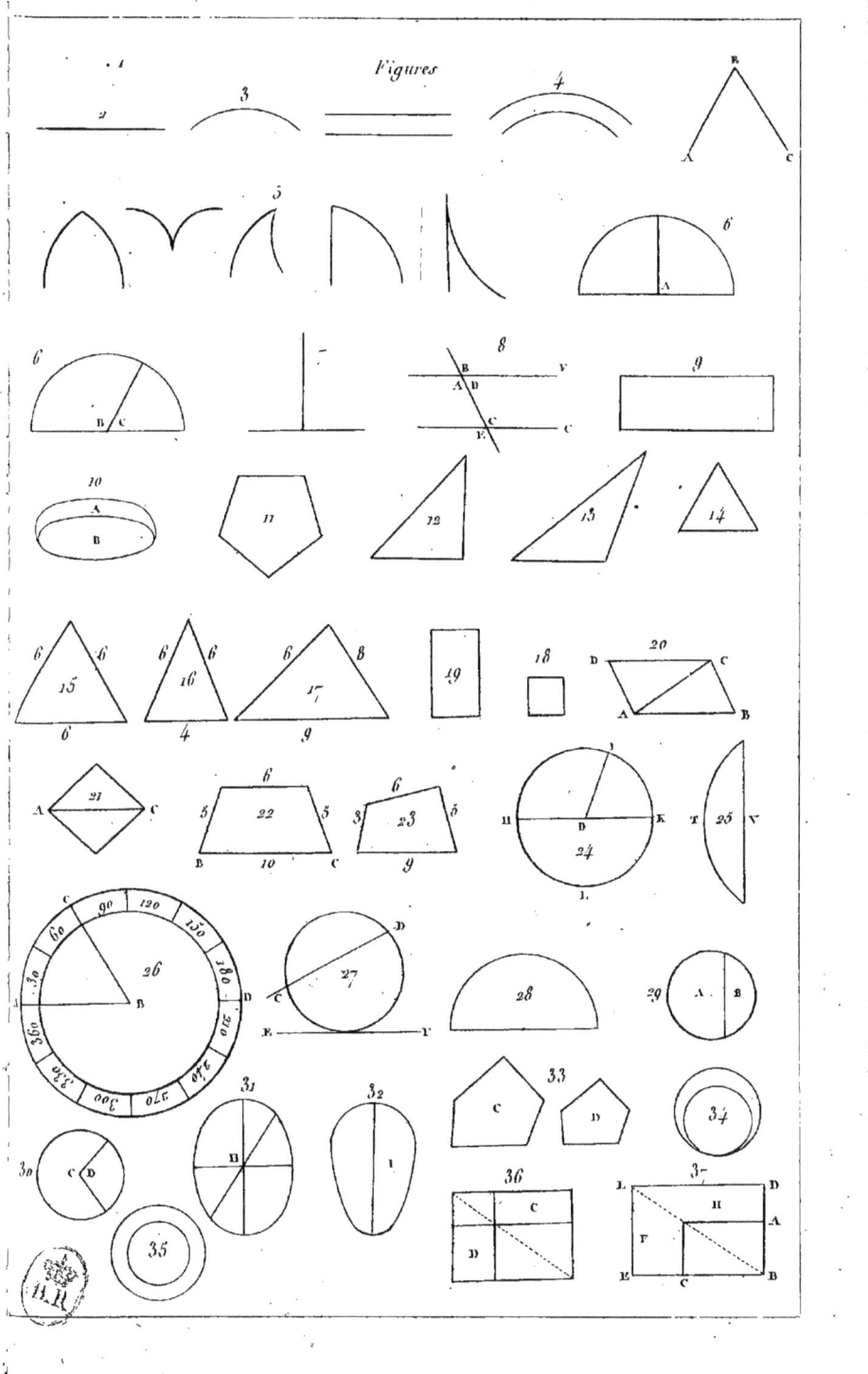

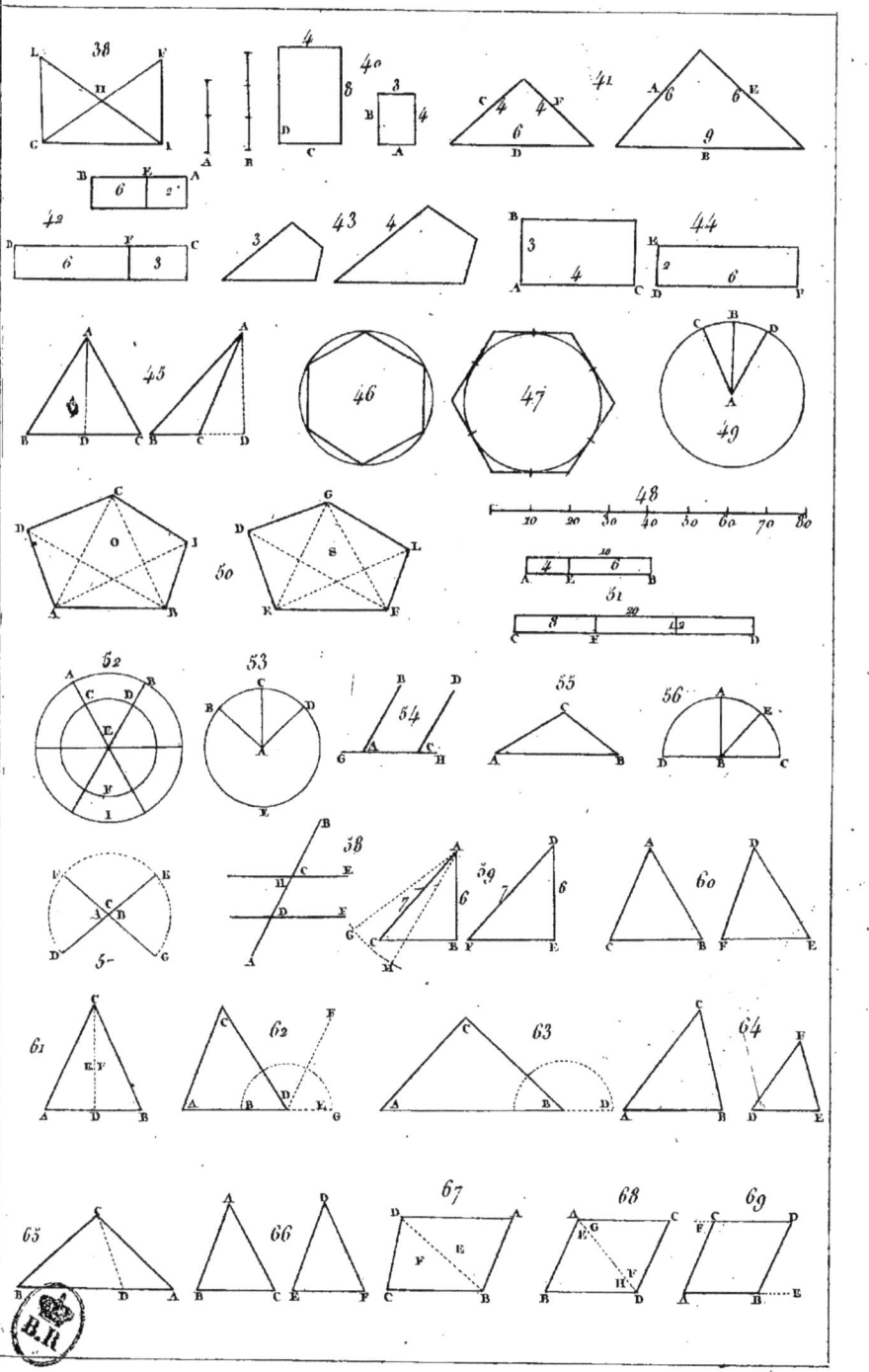

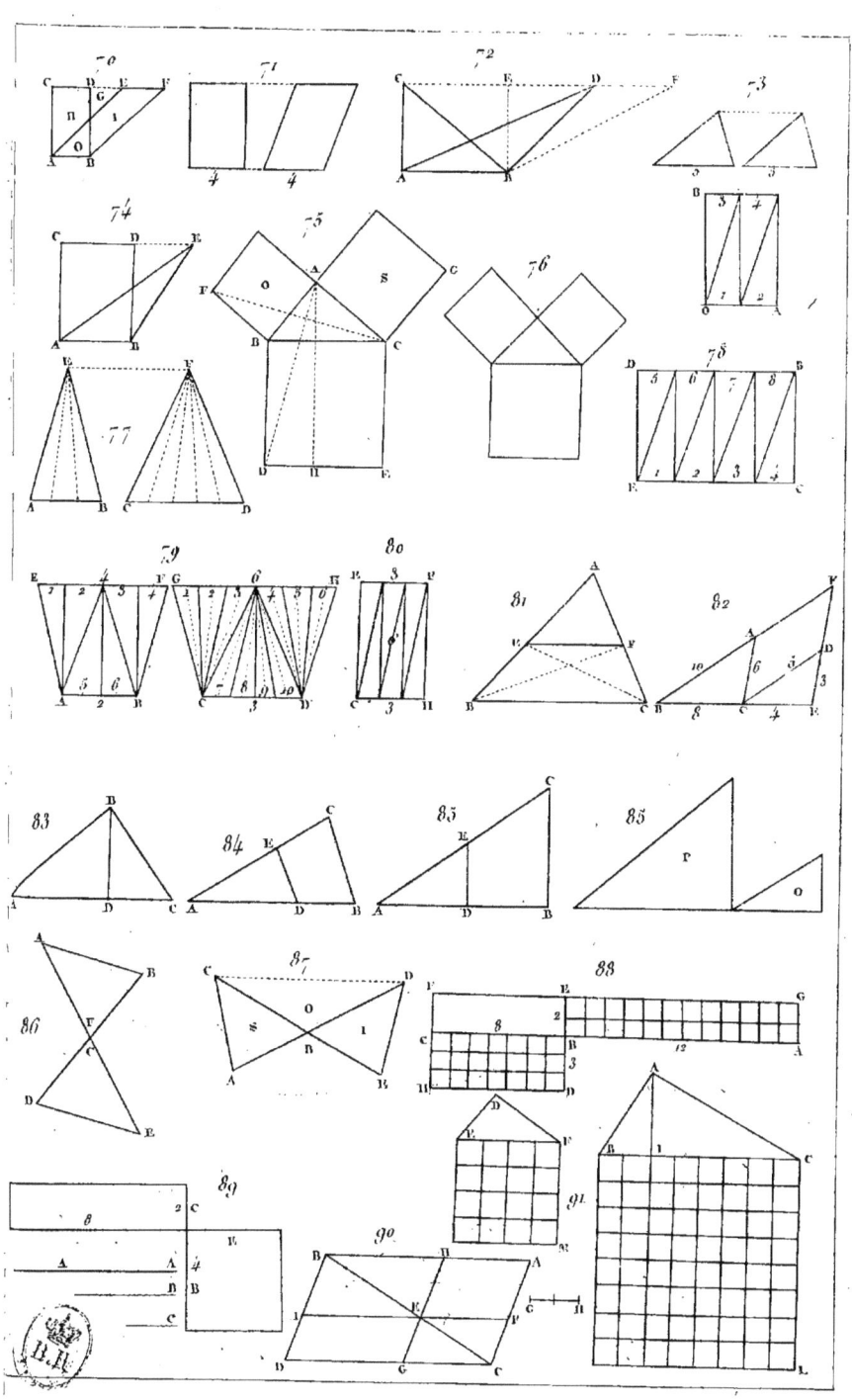

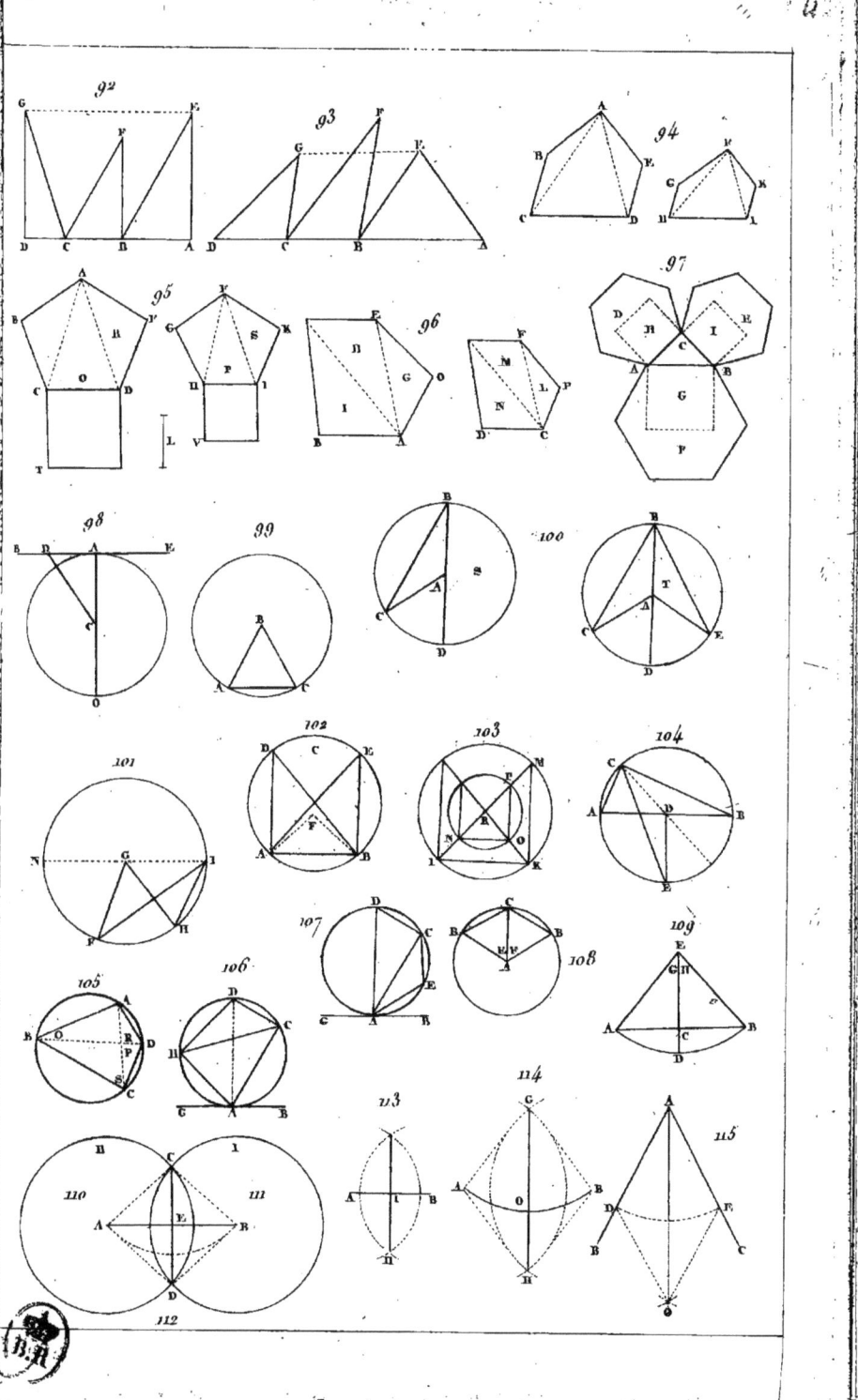

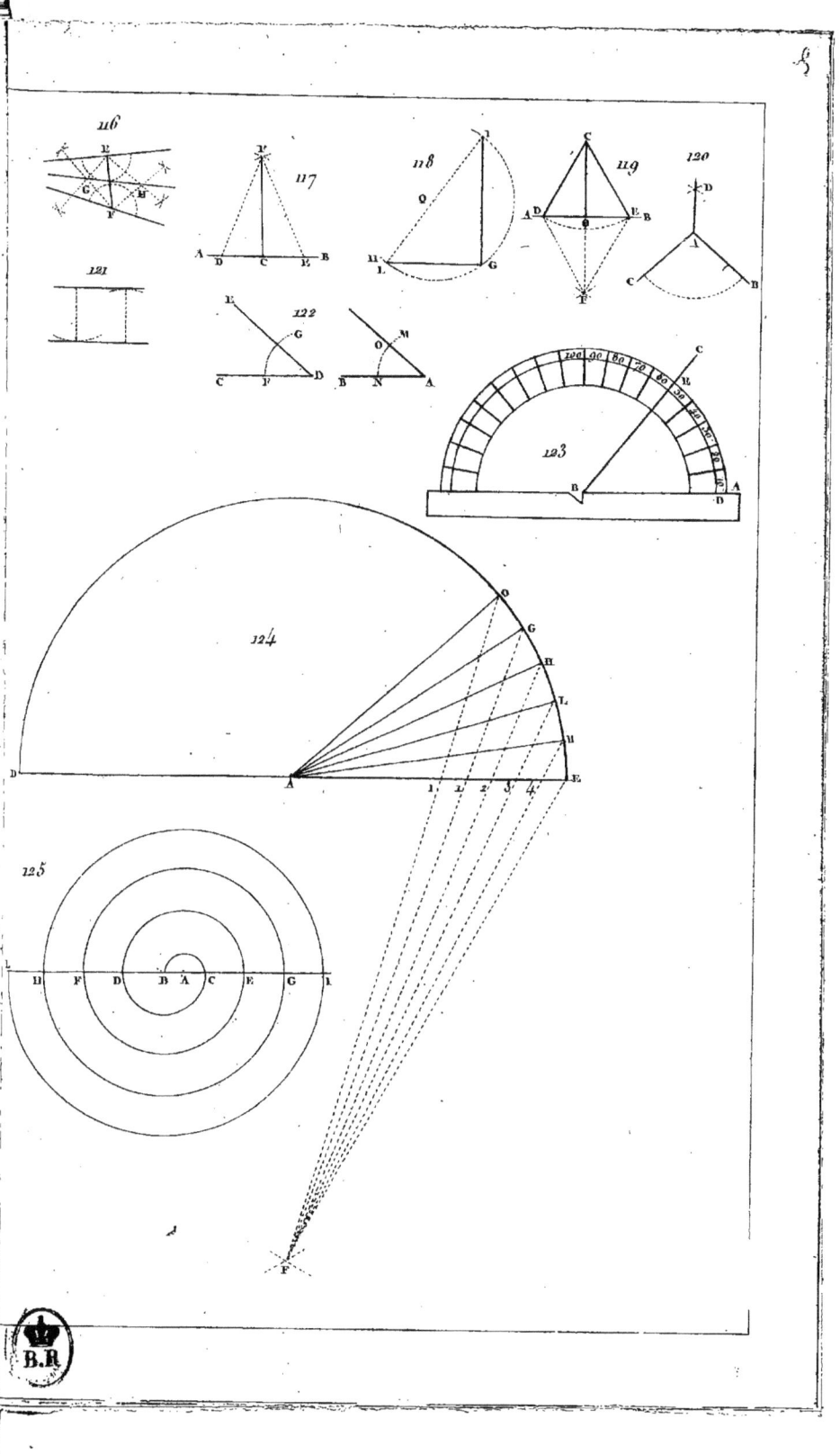

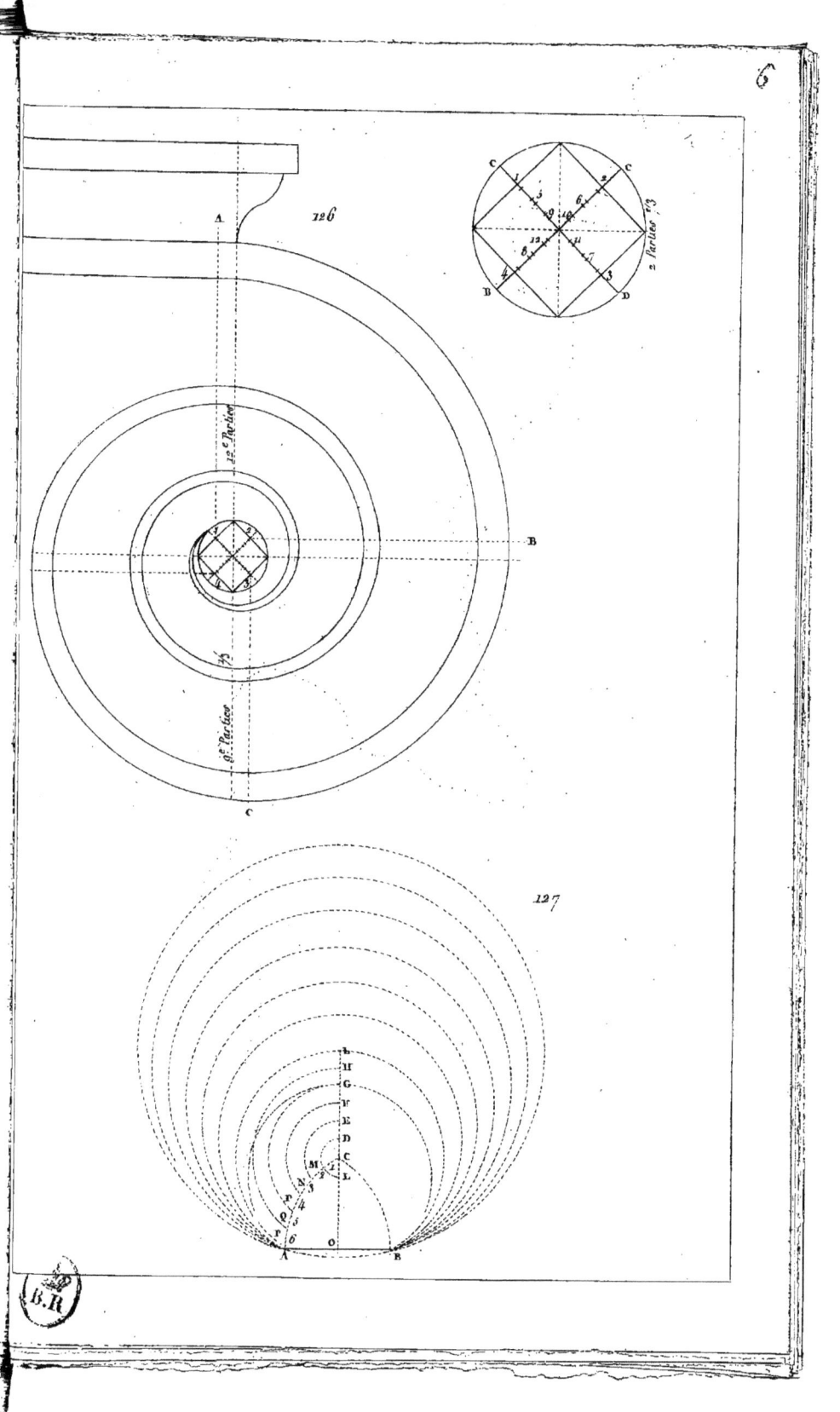

7

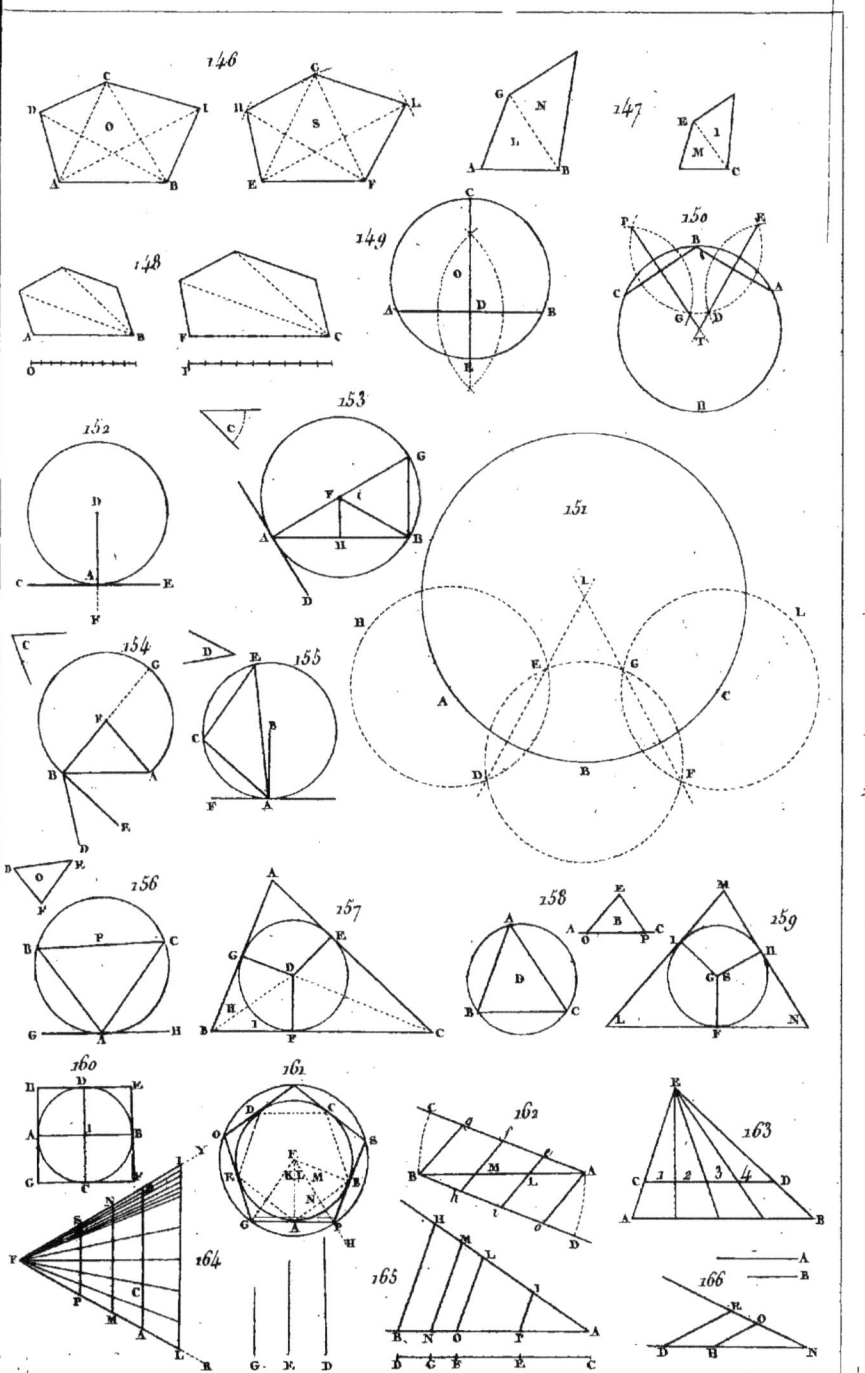

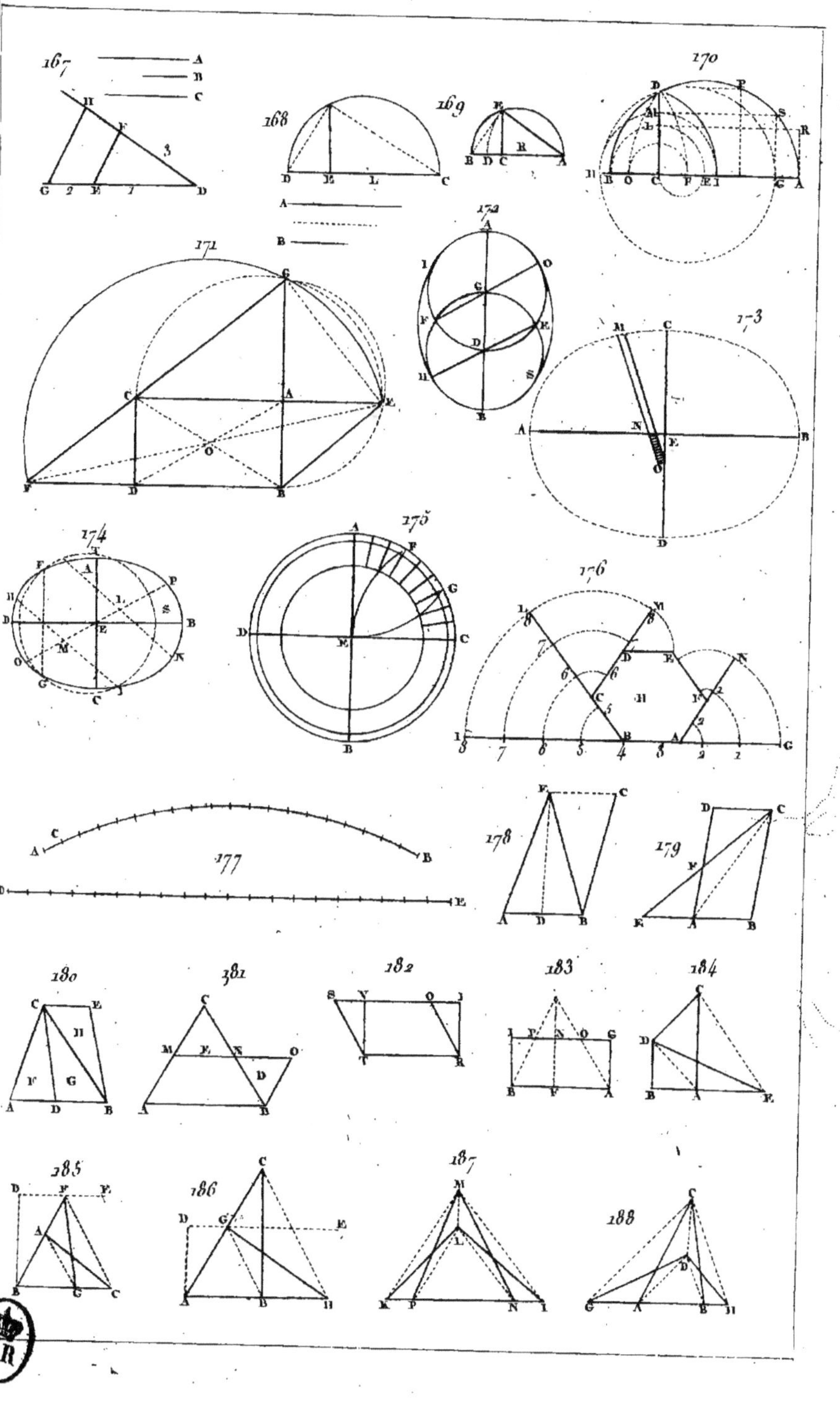
167
168
169
170
171
172
173
174
175
176
177
178
179
180
181
182
183
184
185
186
187
188

B.R

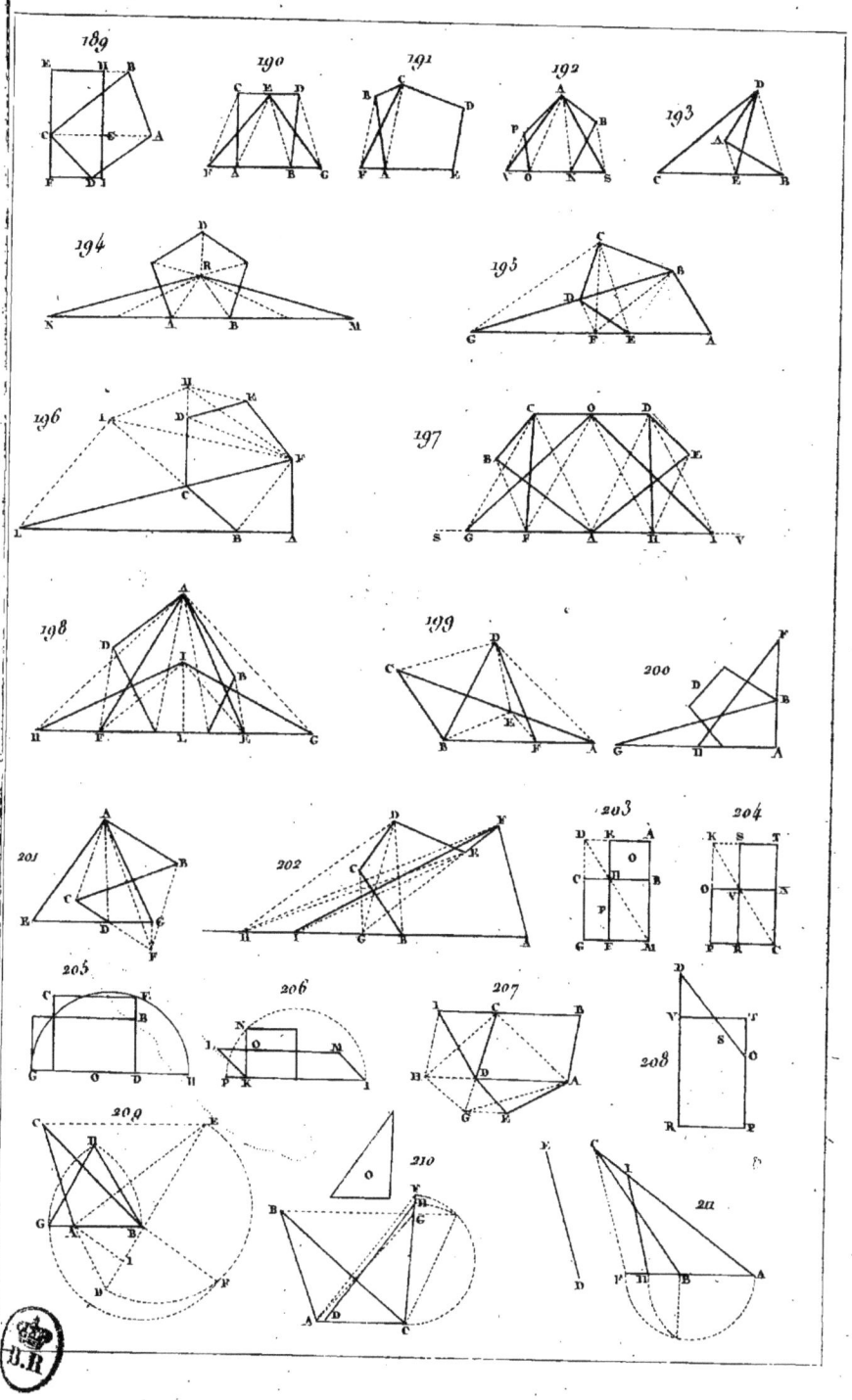

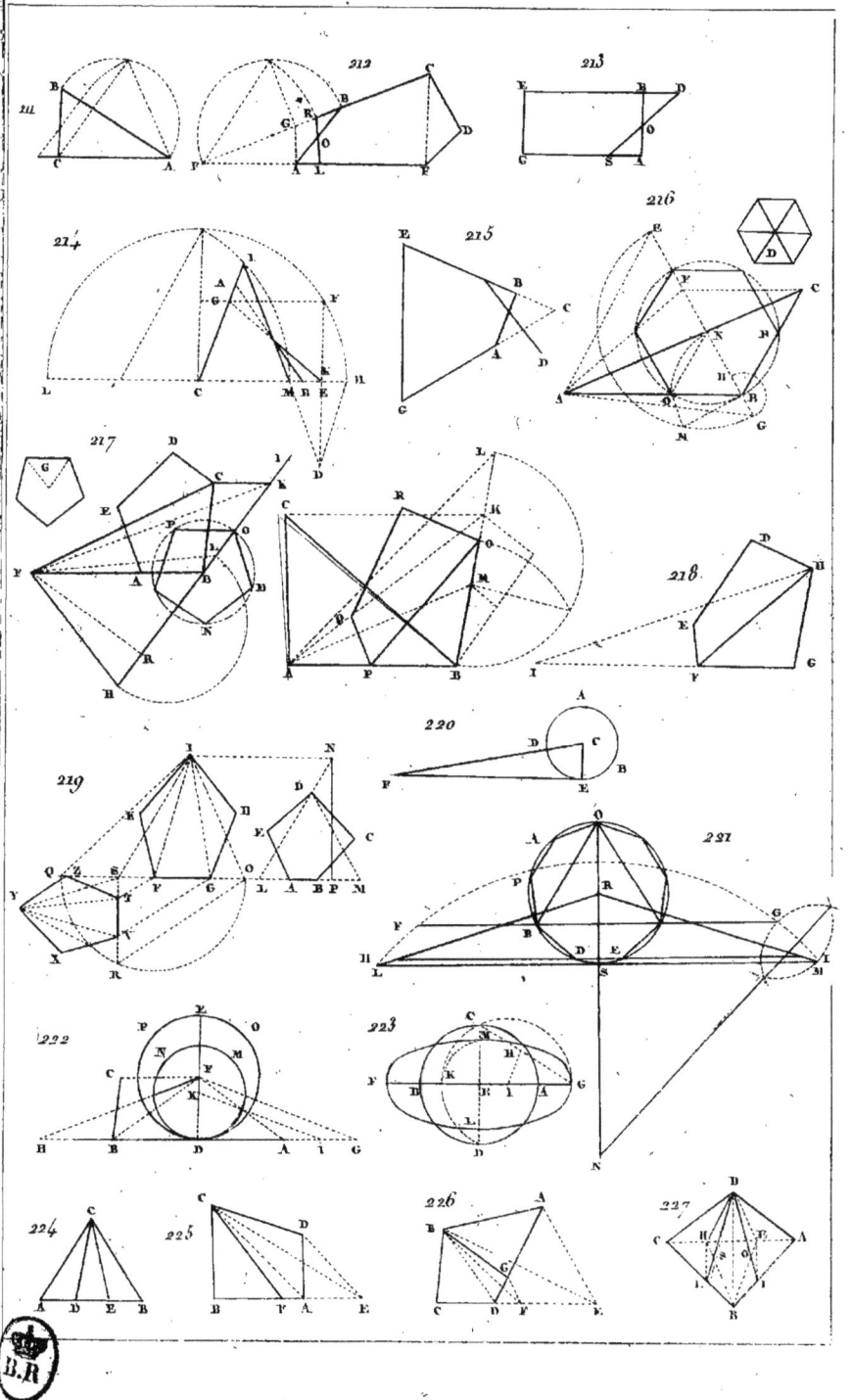

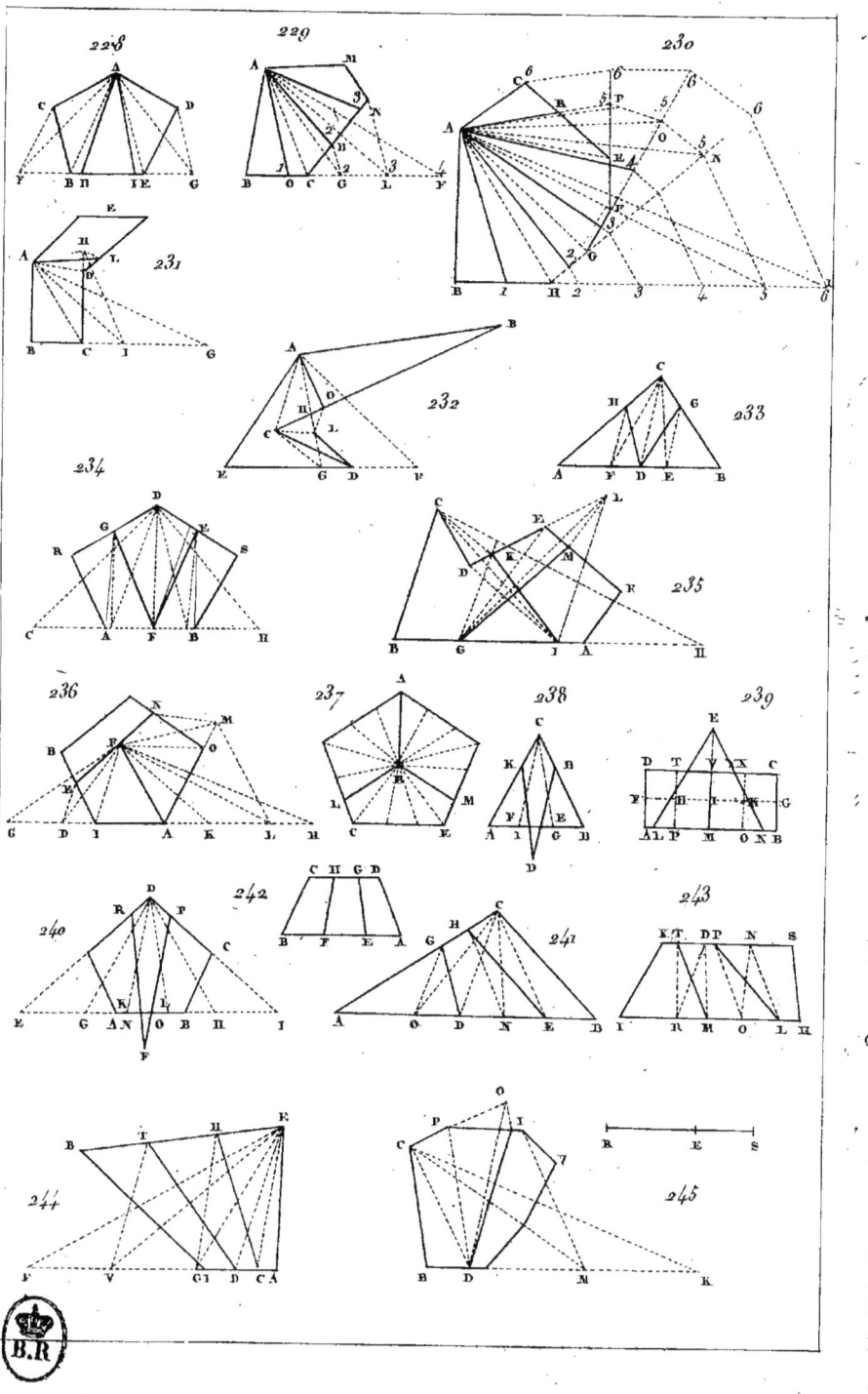

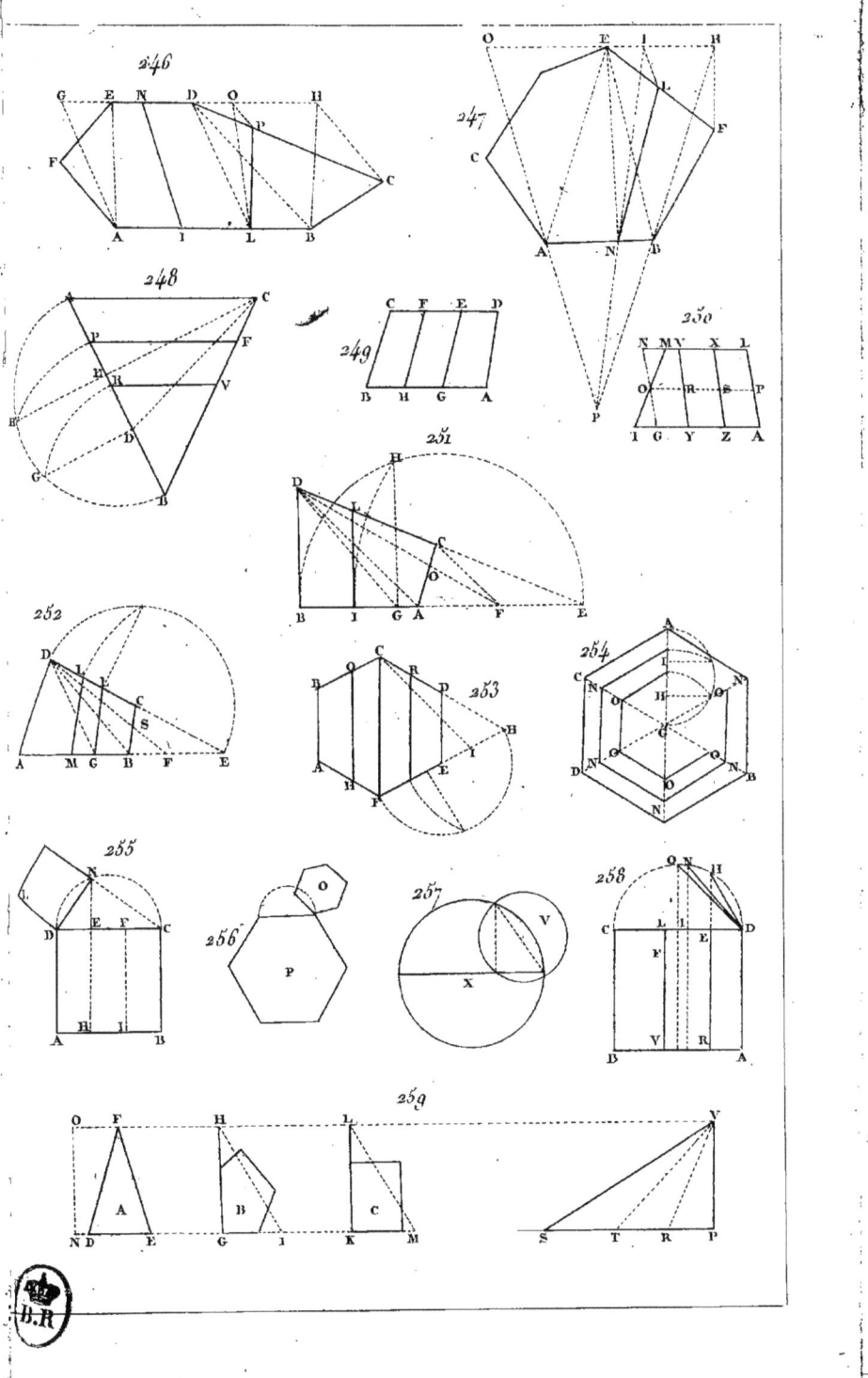

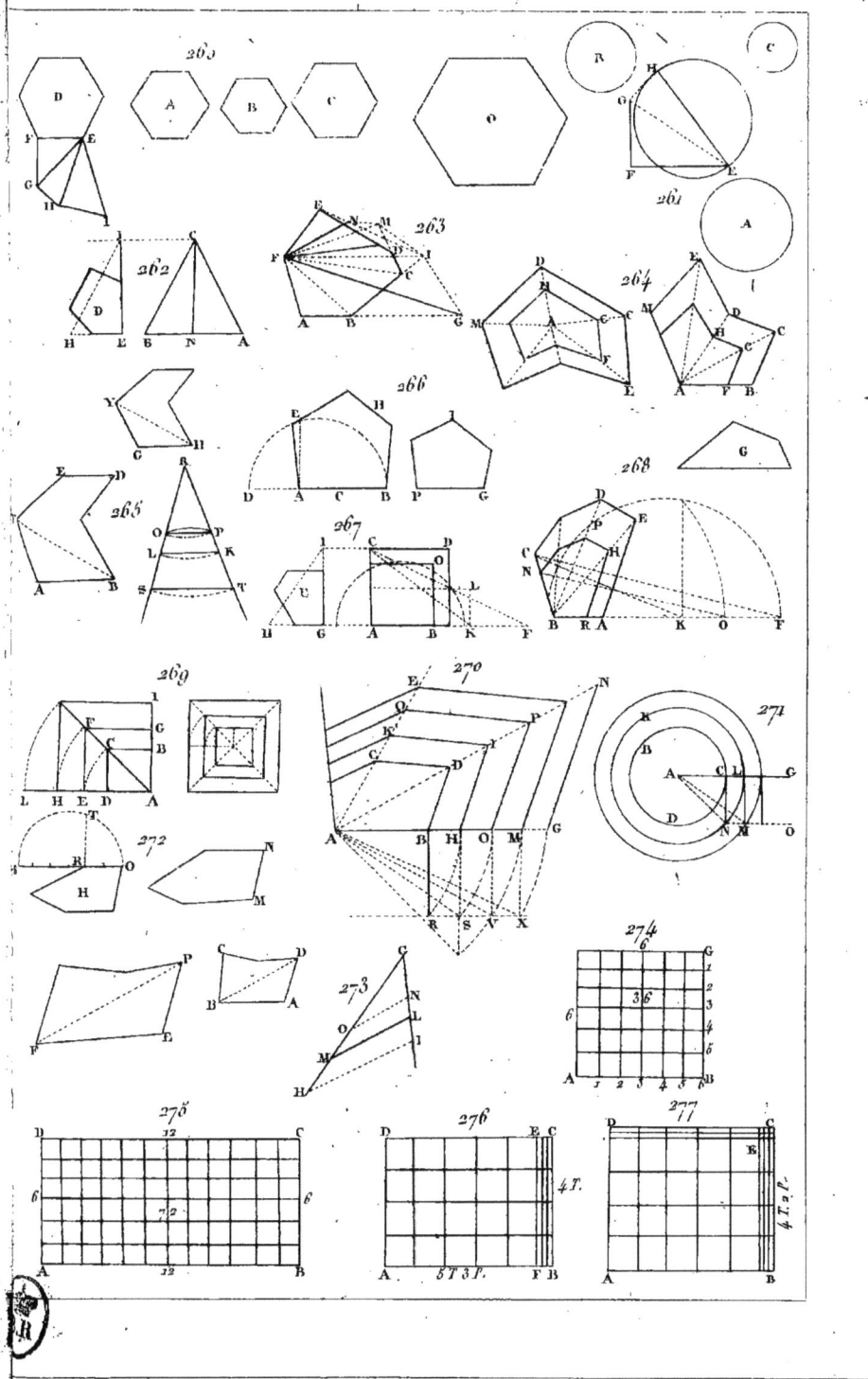

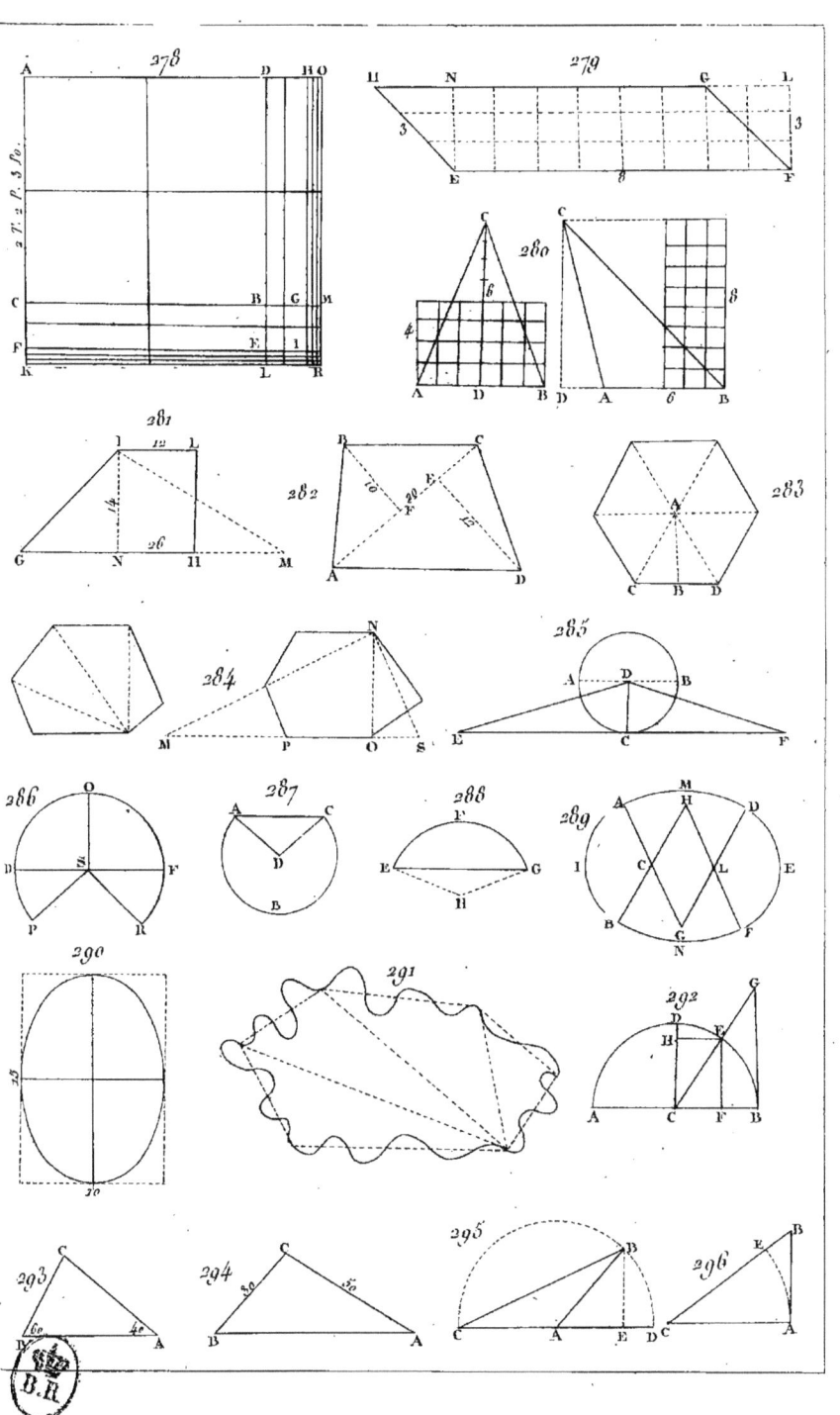

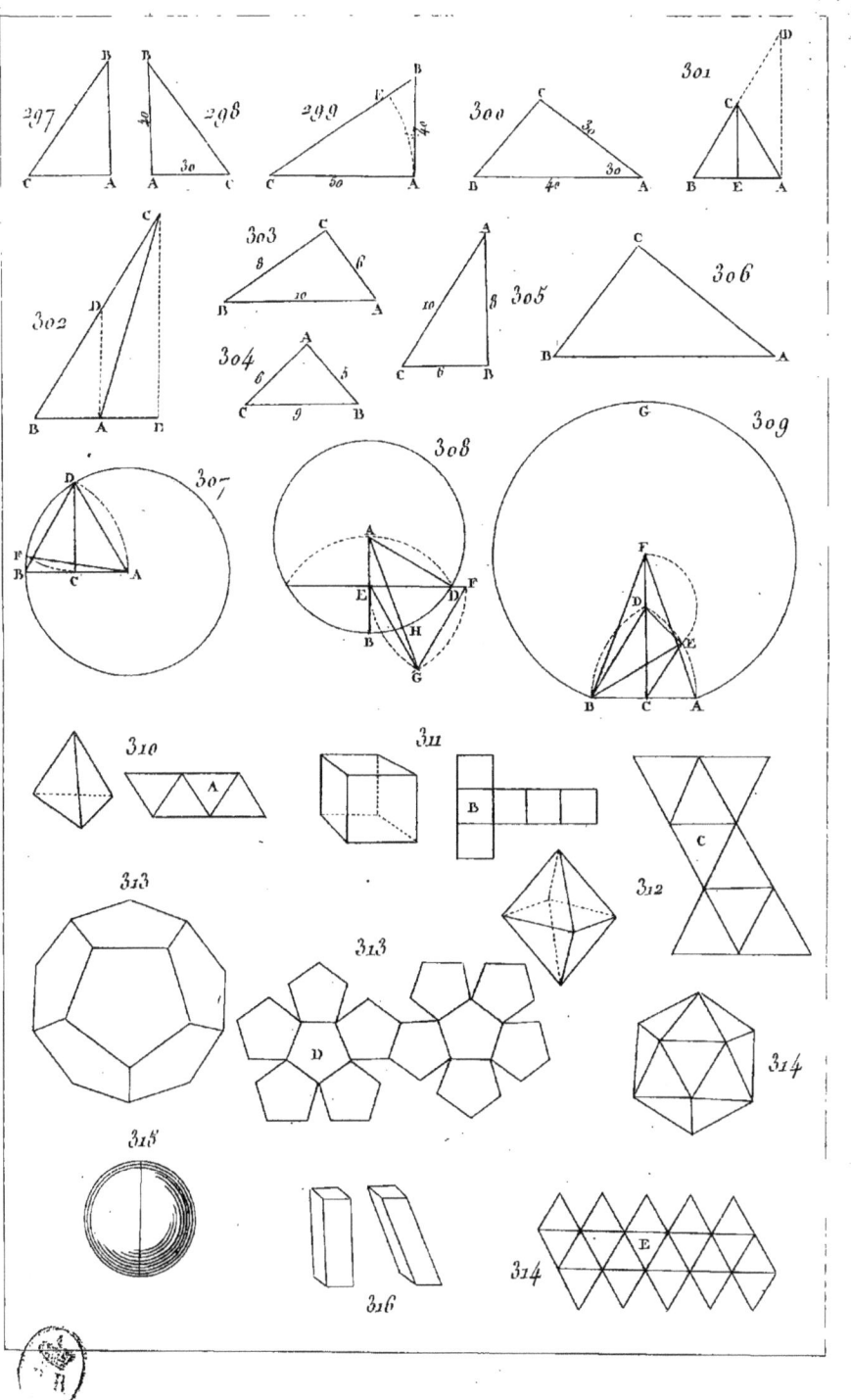

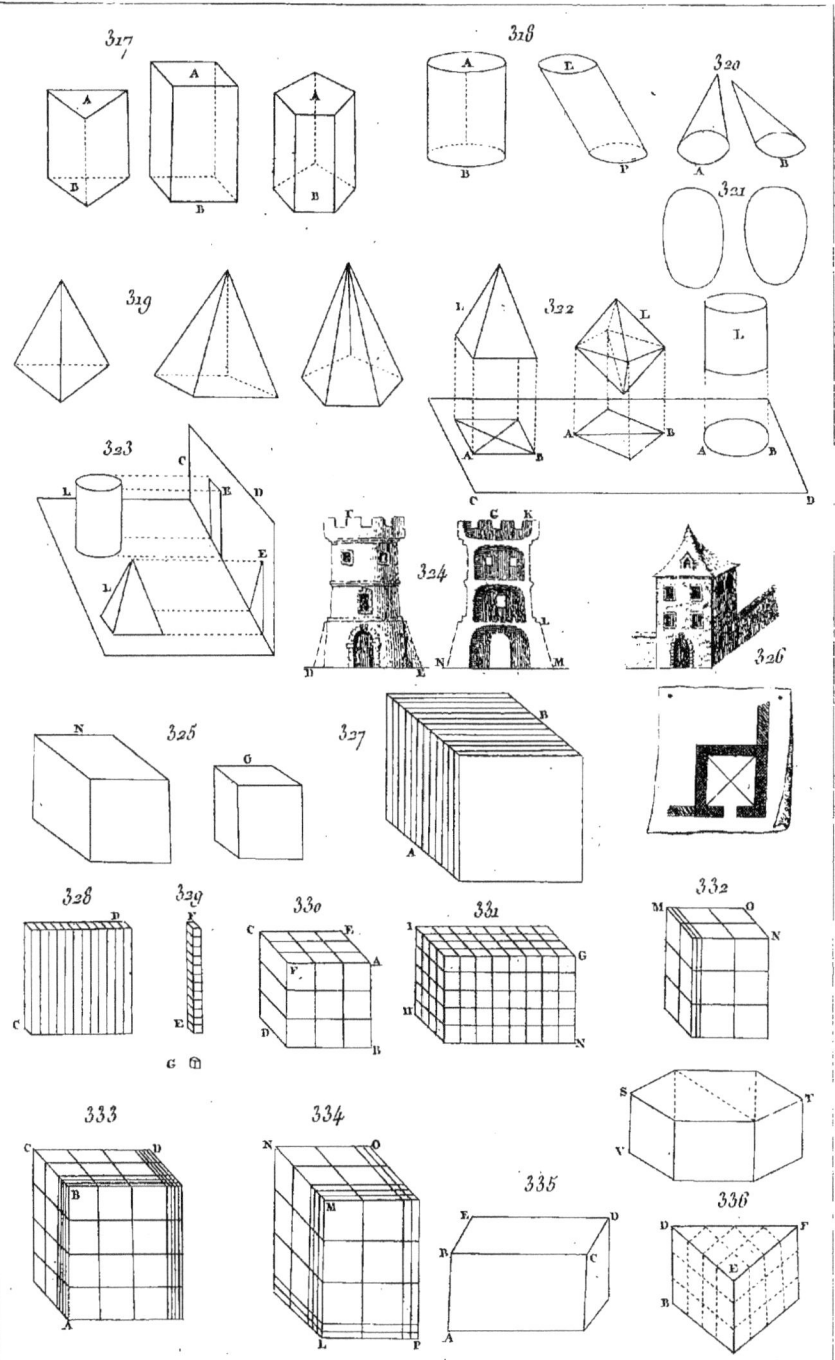

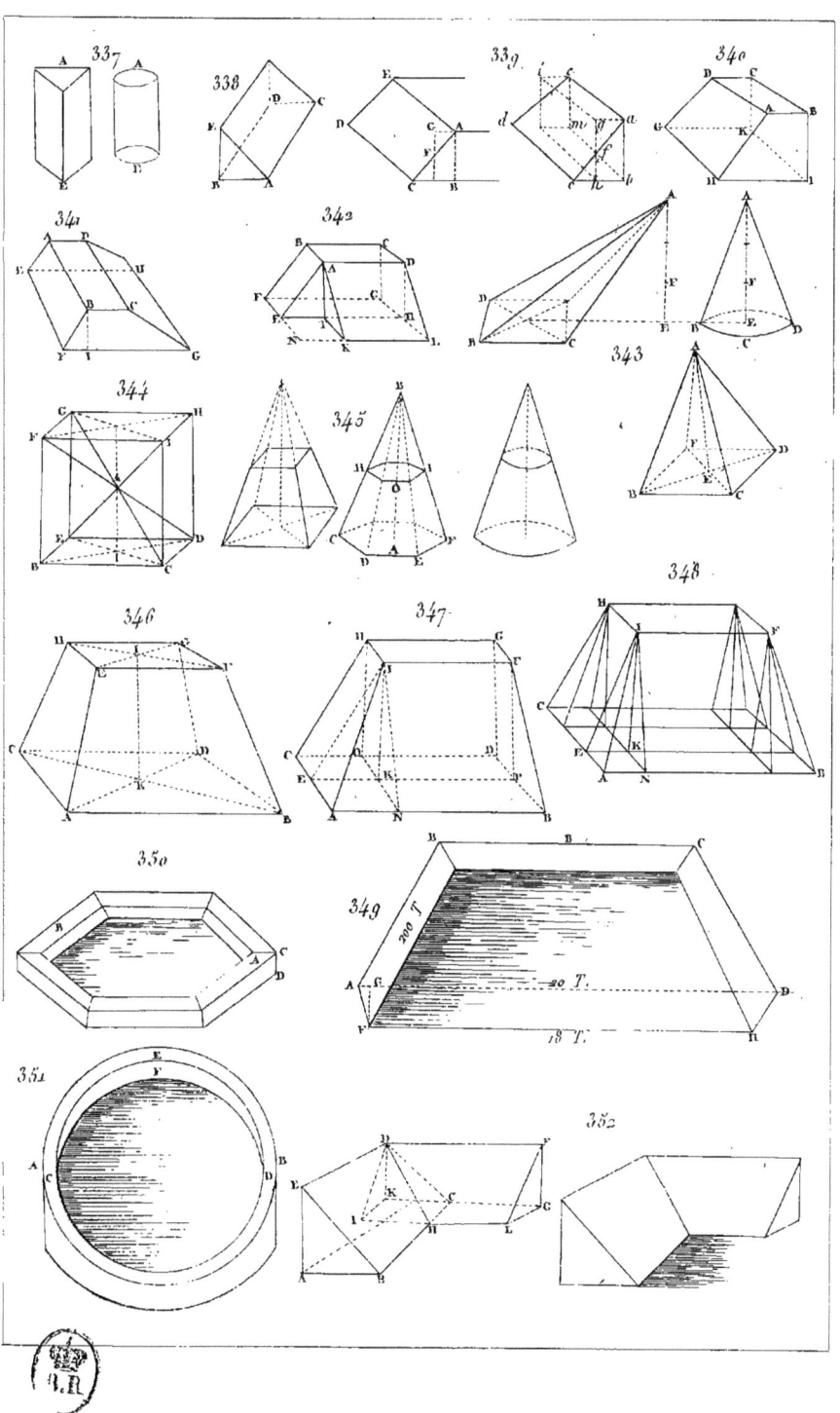

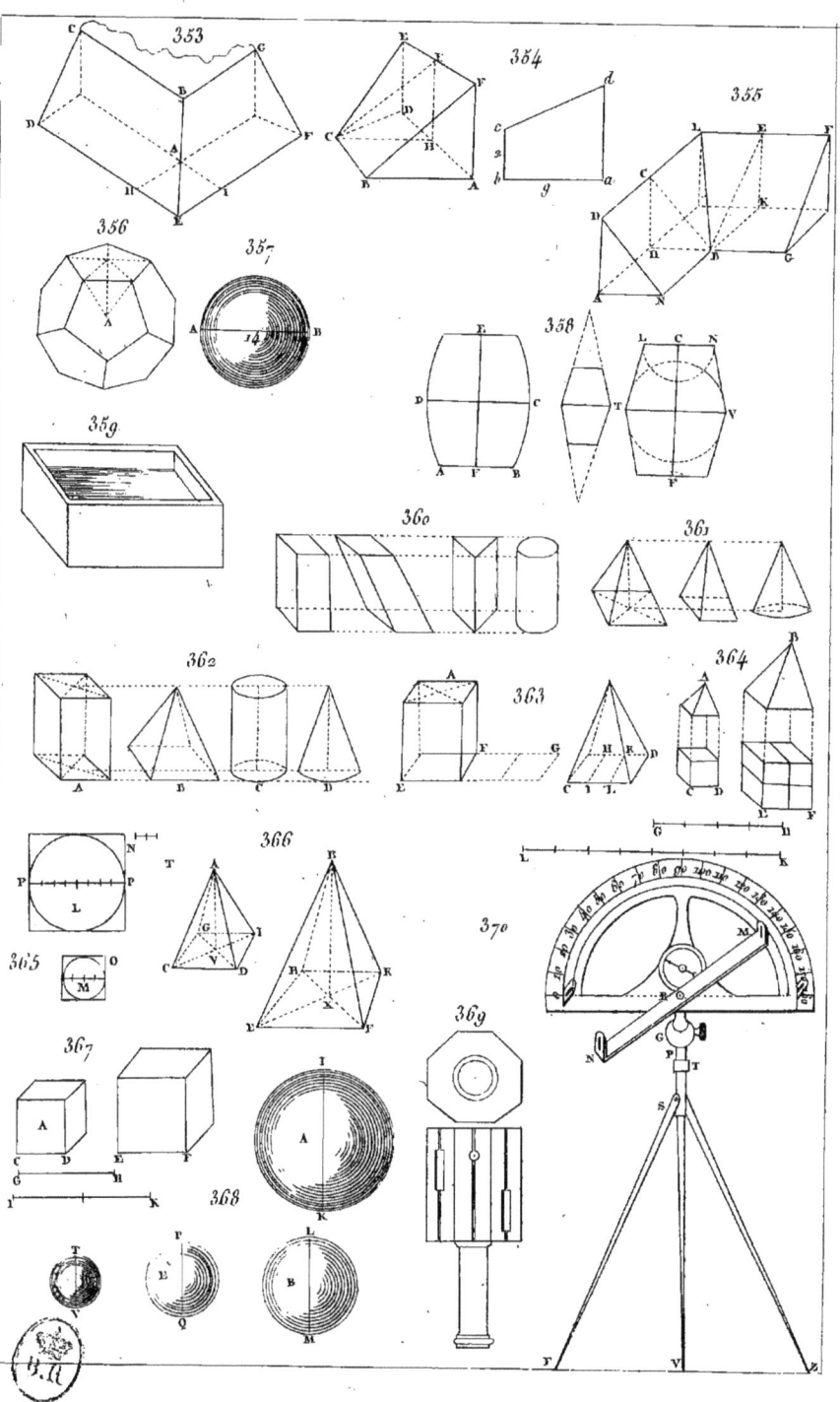

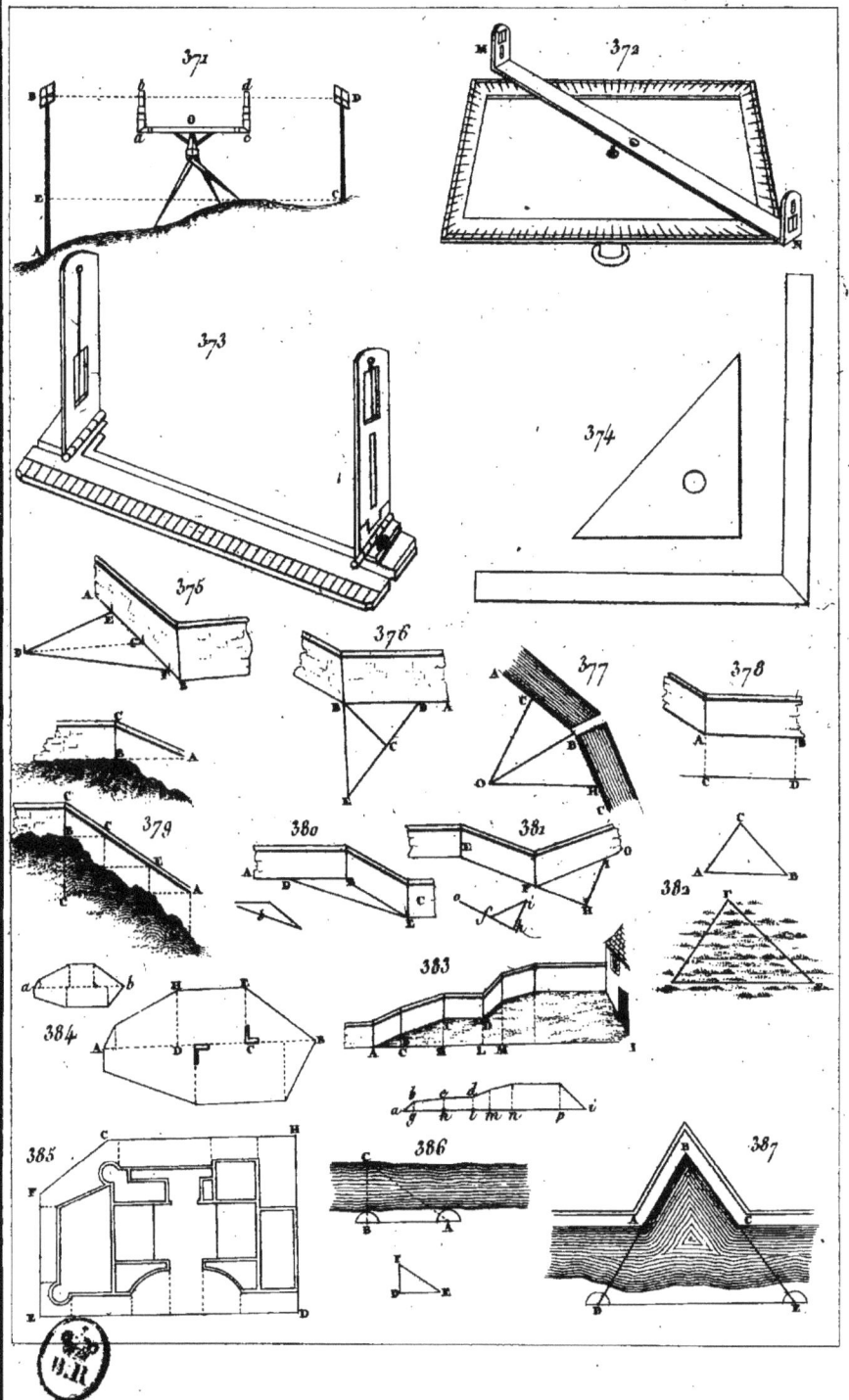

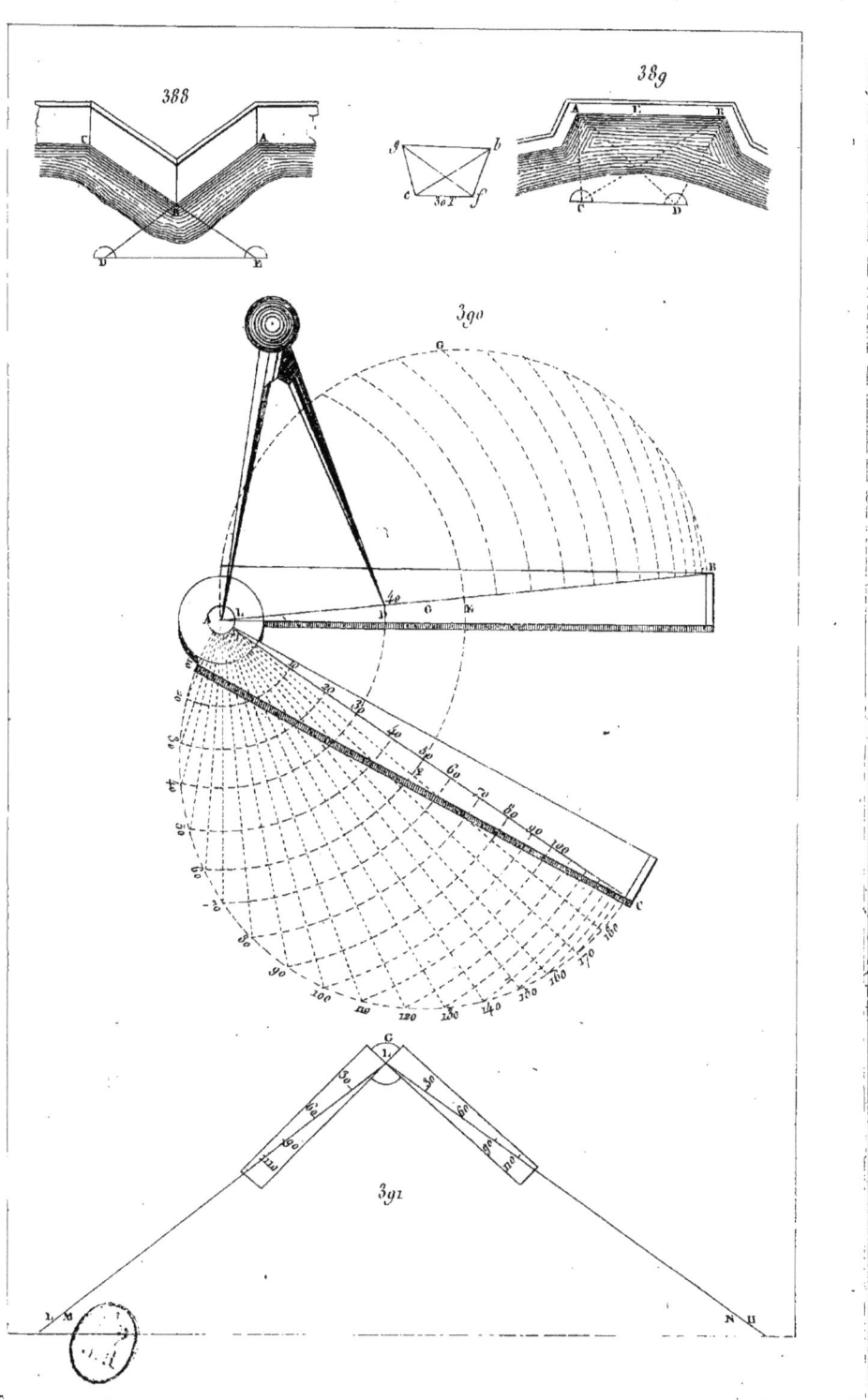

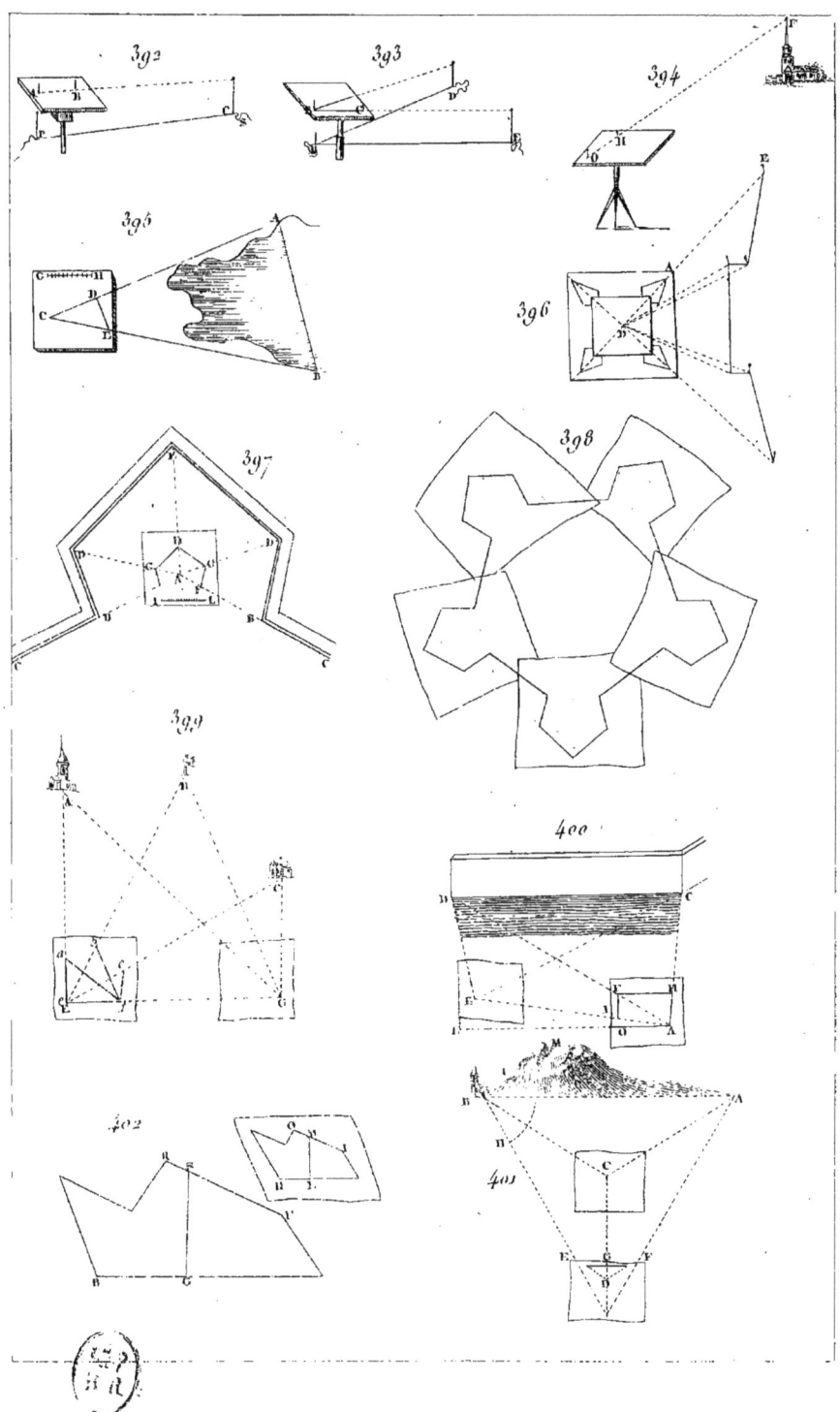

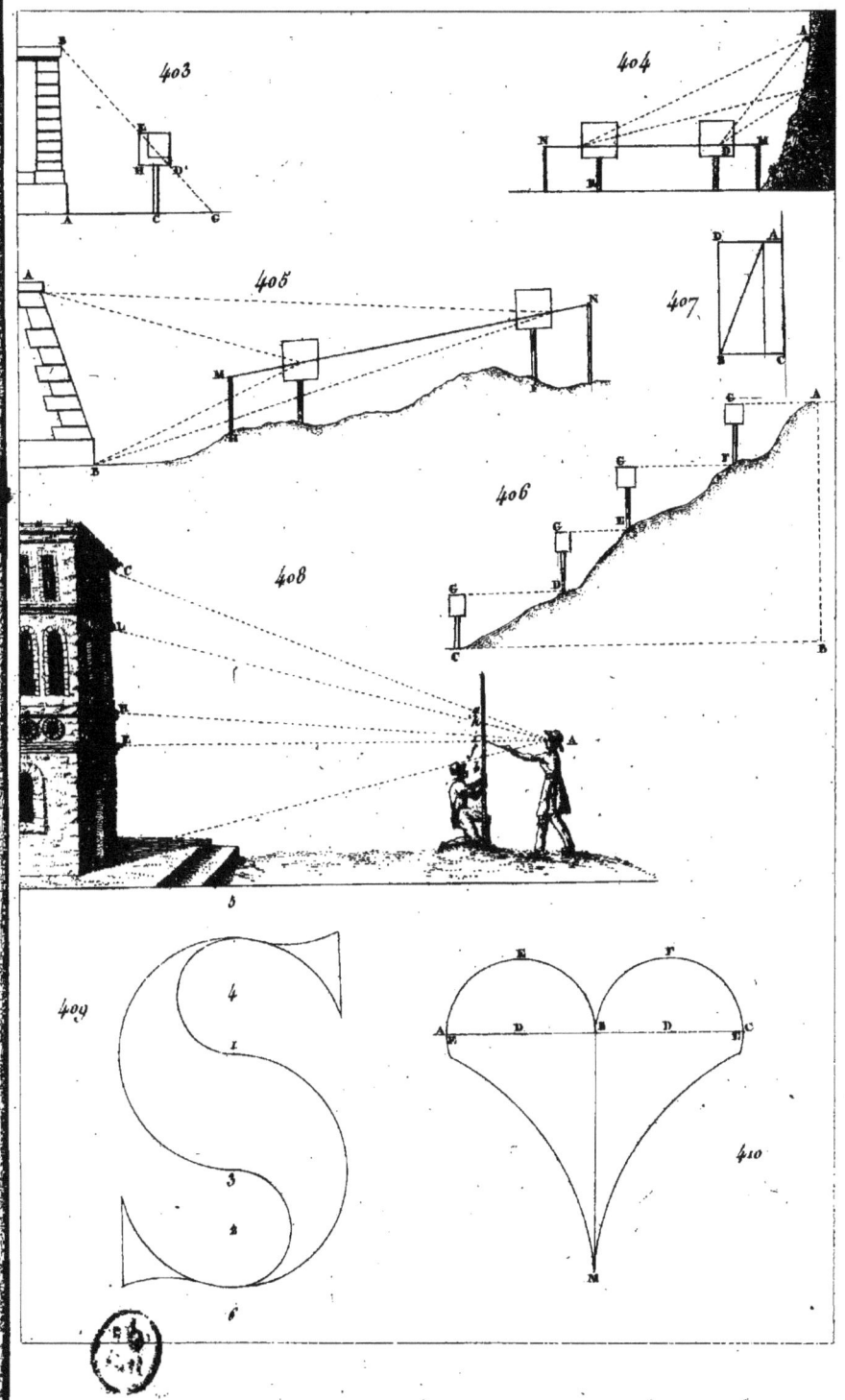

Le traité que nous publions aujourd'hui ayant été pillé par divers auteurs, dont les ouvrages sont en grand renom, nous croyons rendre un véritable service aux particuliers en rappelant au grand jour, un auteur dont l'ouvrage n'était tombé dans l'oubli qu'à cause des dépenses énormes qu'occasionnait sa réimpression; un auteur qui 140 ans après sa mort est encore tellement dévoré par les savans que le peu d'exemplaires qui en restent se vendent jusqu'à 20 francs les deux volumes, ou plutôt ils sont sans prix, puisqu'avec de l'argent on ne peut plus se les procurer. Heureux si notre travail peut être de quelqu'utilité à la classe à laquelle nous le destinons, c'est la seule récompense que nous attendons de nos peines.

Imp. de Félix Locquin, rue N.-D.-des-Victoires, n° 16.

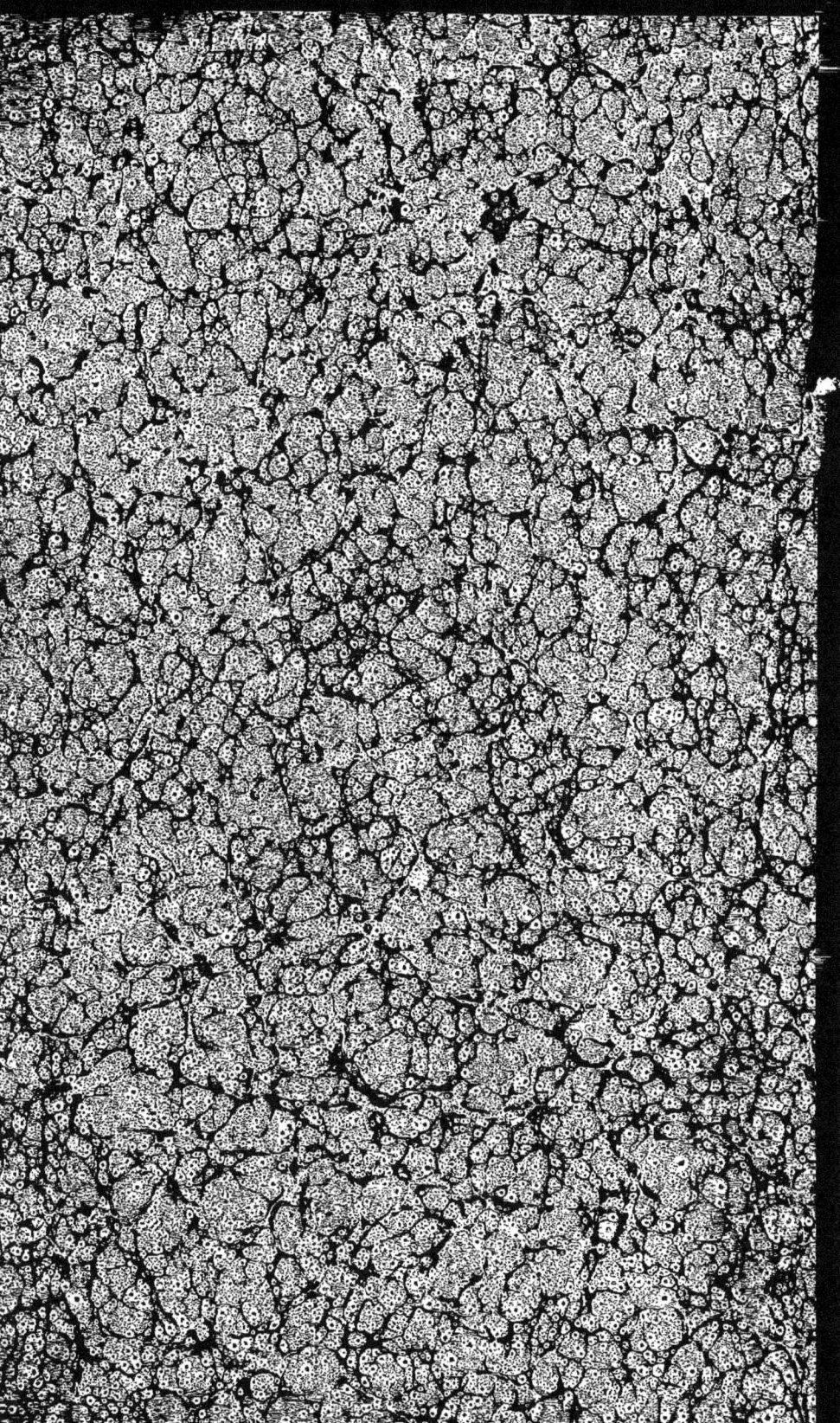